不塑島上的守護者

大手牽小手，師生減塑GO!

作者／知田出版編輯室　慈心有機農業發展基金會

點燃教育的心光，照亮永續的未來

身為一位長期投入和推動新北教育的教育人，我始終深信：真正的環境教育，從來不只是知識的灌輸，而是價值與行動的啟發。《不塑島上的守護者》正是一部體現這份信念的作品，它不僅是一本書，更是一場關於生命、關於未來的呼喚。

當塑膠汙染如潮水般淹沒海岸與校園，我們不能再袖手旁觀。《不塑島上的守護者》以溫暖而具創意的敘事方式，串起全台各地教師、學生與家庭的減塑實踐故事，讓讀者看見環保不再是遙不可及的口號，而是能在孩子手中的集點卡、老師的備課筆記與家長的餐桌選擇中，點滴實踐、深耕發芽。

這本書讓我特別感動的是它從校園出發，卻觸及整個社會的可能。孩子透過每日一點點的行動，影響同儕，進而改變家庭與社區；老師們在教學與陪伴之間，融合減塑與生命教育的深意；而幕後的關懷員與志工，更默默擔起穩固根系的責任，讓這場看似艱難的環境運動，有了溫度、有了支撐。

我尤其要為這本書中所強調的「從心出發」、「以愛啟動」的教育理念喝采。面對全球塑膠汙染與氣候變遷的雙重壓力，我們無法再仰賴單一制度的改革，而是必須透過教育的力量，讓下一代從小建立正確的價值觀，學會如何愛護自然、尊重萬物。《不塑島上的守護者》中的每一則故事，不論是老師以耐心引導特殊需求學生參與行動，還是學生為了說服早餐店不再使用塑膠袋所展現的堅持，都是最真實的「教養即影響」。

身為教育工作者，我深知推動減塑教育並不容易，它需要制度的支持，也需要信念的堅持。《不塑島上的守護者》誠實地呈現了推動過程中的挑戰與無數微小的感動，那些面對疲憊不退縮的老師、一次次失敗仍不放棄的學生，正是我們教育體系中最珍貴的資產。他們的努力證明了：只要點燃一顆心，就能照亮一座島。

我由衷推薦《不塑島上的守護者》給全台所有關心教育與環境的朋友們。這不僅是一本書，更是一面鏡子，讓我們看見教育的力量，也是一盞燈，引領我們走向一個不塑、永續的未來。

新北市教育局局長 **張明文**

走進守護者們用雙手鋪成的減塑之路

海洋，是生命的起點，是人類文明最初的搖籃。曾經，它廣闊而純淨，如今卻因塑膠汙染而遍體鱗傷。每一隻誤食塑膠的海鳥、每一頭纏困於廢棄漁網的鯨豚，都是對這個時代最沉重的控訴。眼前的海洋，正在失去它原有的光輝；我們，無法再視而不見。

這本《不塑島上的守護者》，記錄了慈心有機農業發展基金會與福智文教基金會攜手推動「點亮台灣 · 點亮海洋」校園減塑計畫的故事。從隊長出出發，串聯起一位位教師、學生、關懷員，用最單純的心意，最真摯的行動，在校園中悄悄種下改變的種子。他們並非一開始就無所畏懼，面對挑戰與挫折，也曾猶豫，但選擇了堅持。他們用一次次微小的努力，來證明：改變，真的可能發生。

身為海湧工作室的執行長，我了解海岸清理的重要，也深知它的無力。每天撿拾岸上的塑膠垃圾，彷彿永無止盡，畢竟光靠末端清理，根本追不上汙染的速度。真正能從根本解決問題的方法，是「源頭減量」。從我們每一個人開始，從每天一個更有意識的選擇開始，選擇少一點方便，多一點思考；選擇少一點冷漠，多一點疼惜。

「點亮計畫」讓孩子們看見海洋的苦痛，也喚醒了他們內心的溫柔與力量。只有當一個人真正為另一個生命的痛苦感到心痛，行動才有了真正的重量。閱讀本書，就像走進一條用無數守護者雙手鋪成的道路，每一段故事，都是一份真心的承諾。

減塑不只是說說而已，而是一場生活方式的轉變。每一次少用一個塑膠袋、每一次拒絕一次性用品，都是在為地球的未來做出選擇。

希望這本書能點亮更多人的心，讓更多人願意從自己做起，讓我們在這個還不算太遲的時刻，成為海洋的守護者。減塑這條路才剛剛開始，而你的加入，就是讓這片海洋重現生機的關鍵。

海湧工作室執行長 陳人平

成為改變世界的微光

這不只是一本文字的記錄，而是一場深刻動人的行動實踐。從校園那看似再平凡不過的生活中，一點一滴的身體力行，在日常中培養同理心，真誠地回應這個時代對永續的渴望。書中描繪的不只是減塑，更是一種溫柔而堅定的生活哲學與文化選擇。

透過細膩的觀察與真摯的情感，可以看見孩子們的轉變、老師們的堅持，以及整個教育現場如何成為點亮環境意識的火種。在這個容易感到冷漠與疲憊的時代，這本書如同一道溫暖的光，提醒我們：再微小的選擇，也能匯聚成改變世界的力量。

身為三個孩子的母親，我在閱讀時不斷點頭、頻頻拭淚，也因此更充滿希望。我誠摯推薦這本書給每一位願意為生命與地球多走一小步的你，讓我們從今天起，成為改變的一部分。

無肉市集創辦人 張芷睿

目　錄

推薦序

點燃教育的心光，照亮永續的未來｜新北市教育局局長 張明文 02
走進守護者們用雙手鋪成的減塑之路｜海湧工作室執行長 陳人平 04
成為改變世界的微光｜無肉市集創辦人 張芷睿 06

Chapter 1 緣起：守護海洋，共創永續未來

守護海洋，共創永續未來｜文／林姵菁 12

Chapter 2 先行者：引領無塑新時代

呵護萬物生靈，從隨手減塑開始｜新北市海山國小老師 楊東錦｜文／陳昕平 32
傳遞信念火種，減塑工作變使命｜新北市海山國小老師 陳雅婷｜文／陳昕平 44
讀懂無法言說的心聲，堅持讓改變發生｜高雄市汕尾國小老師 駱蕾蕾｜文／蘇曼 56
成為改變環境的影響力｜高雄市文府國小老師 王麗姿｜文／蘇曼 68
令群星閃耀的溫柔推手｜大高雄區關懷員 蔡麗緟｜文／廖雅雯 78

Chapter 3 行動家：締造綠色未來

Chapter 4 耕耘者：培養減塑仁心

Chapter 5 守護者：傳承希望的新一代

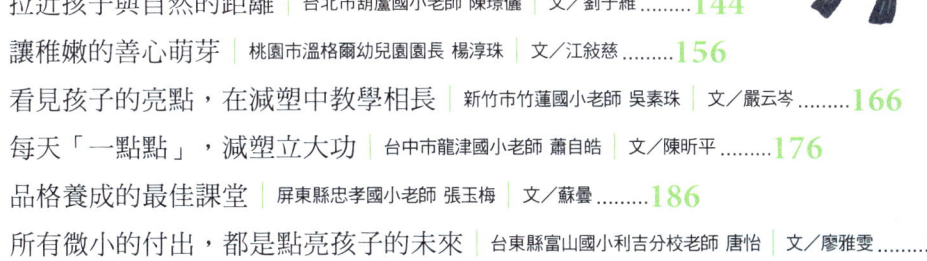

Chapter 1

緣起

守護海洋，共創永續未來

師生燃燒愛護環境的火焰，

每個人，每一天，一點點，

以減塑行動點亮每一顆心，

將故事的小火苗傳遞下去。

“守護海洋，共創永續未來”

「我要幫海洋保衛隊的隊長 bb 找回他的夥伴！」一名學生在布告欄前認真地說著，也揭開了孩子們守護環境的減塑旅程。為了拯救在海中因撞上塑膠垃圾而失散的 bb 和夥伴，孩子們紛紛響應「拯救海洋保衛隊」任務，每少用一個塑膠製品、改用環保餐具或袋子，都能獲得一點，集滿 50 點就象徵救回一隻受困生物。一張張貼在布告欄上的集點卡，不只是環保行動的紀錄，更是為守護台灣這座島嶼所付出的心意。

「點亮台灣．點亮海洋」校園減塑計畫因此啟動（亦可簡稱為點亮計畫），串聯全台校園，用日常一點一滴的選擇，喚起對環境的關懷與行動。我們也即將跟著 bb 一起，展開這場充滿愛與行動力的校園巡禮，邁向《不塑島上的守護者》之路。

（圖片來源：pexels）

傳遞故事的小火苗

陽光灑滿操場，微風吹過老榕樹，在台南市新泰國小的下課時間，人來人往的校園中，很快便能注意到一個忙碌的身影——蕭淑美，健康中心的護理師。「還有五分鐘就上課了！」她向經過的學生溫聲提醒著，並快步穿梭在校園間，臉上帶著微笑，雖然手邊的事沒停過，但眼神透漏著不一般的堅定。

（照片提供：南島真希）

回想起幾年前，當時蕭淑美以護理師的身分推動全校減塑行動，帶著學生實踐減塑集點、訓練「減塑小講師」等活動，期望將環保融入生活。一開始她充滿幹勁，但隨著時間過去，學生們熱情逐漸降溫，老師們也因課務繁忙無法全力支持，蕭淑美漸漸感到孤軍奮戰。「好像只剩下我在努力。」她的心裡不禁冒出挫敗的念頭。

「就像騎腳踏車，可以慢，但不能停。」那是蕭淑美從點亮計畫校園減塑團隊的共同學習活動中學到的啟發。因為點亮計畫的組織與努力，她能與來自全台的減塑推動者交流，進而發現大家都有相同的困難，也漸漸明白，減塑的成功不在於完美的成果，而在於不放棄地前進。

如果沒有交情，自顧自地分享好的理念，對方也很難感受到吧？所以蕭淑美改變了做法，決定先做人再做事。她秉持「減塑交朋友」的原則，設計不增加老師教學負擔的教案，並在節日時送上手寫卡片和點心，表達感謝。這樣的改變讓她的心量變大，也讓更多人感受到她的熱忱。

放學鐘聲響起，天空拉起簾幕，蕭淑美的腦中還不斷想著明天又要帶著小講師們學習什麼樣的減塑課程、安排什麼樣的議題讓他們討論、講說時的台風該如何調……這座校園已經被點亮，師生們燃燒著愛護環境的火焰，而減塑故事的小火苗也會繼續傳遞下去。

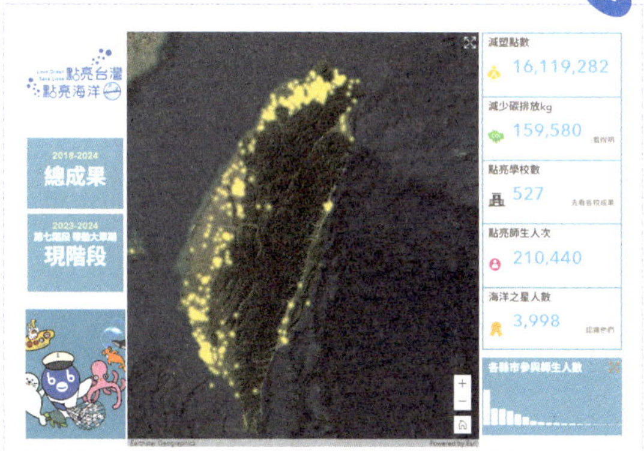

（圖片來源：慈心有機農業發展基金會）

≈為彼此生命點一盞光≈

這株小火苗的起源來自「點亮台灣，點亮海洋」計畫，計畫的推手之一「慈心有機農業發展基金會」秉持著對生命的關愛，從推廣有機農業跨入減塑行動，雖然兩個領域不同，但他們始終相信，守護環境，就是守護生命。「塑膠垃圾正悄悄侵蝕海洋生態，這不僅是一個環境問題，更是每個生命都應關注的課題。」慈心基金會減塑總監陳玫暖如此說。

2018年，慈心減塑團隊攜手福智文教基金會，以校園為起點，將「減塑」化為生活教育的重要一環。陳玫暖語氣肯定地說：「如果要改變人的行為，校園是最好的土壤。」因為孩子的學習力和影響力遠超乎想像。於是從新北市海山國小開始，成為第一所被點亮的學校，實行試辦課程，至今逐漸擴散到全台超過520所學校，學生、老師、家長與社區彼此串聯，形成一股改變的浪潮。

推動計畫並非易事，初期團隊只有寥寥數人，面對全台中小學的目標，計畫成員們選擇「一百個人走一步」的策略：透過暑期工作坊培訓種子老師，再由老師帶領學生將減塑理念融入日常生活。當「點亮」這兩個字逐漸成為共識，不再只是減塑行動，而是一道照亮彼此的光，承載著人與人之間的溫暖關懷。

守護地球 從源頭減塑

若我們能從關愛身邊的每個生命做起，再慢慢一路追溯到所有生命的源頭，我們不難發現當今全球面臨氣候變遷帶來的嚴峻危機，減碳行動雖被視為關鍵，然而塑膠問題卻經常被忽視。

事實上，減少塑膠生產與使用是緩解全球暖化不可或缺的一環。99% 的塑膠來自化石燃料，隨著塑膠產量飆升，估計到 2050 年，塑膠產生的碳排放量將占全球碳預算的 13%，進一步加劇氣候危機。同時，每年約有 1,100 萬噸塑膠垃圾流入海洋與陸地，威脅生態系統與人類健康，足見減塑行動的迫切性。

2024 年「世界地球日」以「地球與塑膠（Planet vs. Plastics）」為主題，呼應年底公

（圖片來源：pexels）

（照片提供：南島真希）

布的《全球塑膠公約》（Global Plastics Treaty）草案。這份國際性協定旨在2040年終結塑膠污染，反映出減塑已成為普世價值，更是刻不容緩的行動目標。

　　慈心基金會與福智文教基金會推動的「點亮台灣，點亮海洋：校園減塑計畫」響應全球環境議題，希冀從源頭減塑來守護環境，透過校園師生身體力行、影響家庭與社區，讓減塑風潮持續擴散，其背後有著更重要的目標——對下一代永續價值觀的傳遞。

　　點亮計畫致力於傳遞在日常生活中「減少一次性塑膠的使用」的理念，或許每一個人能做的都只是如螢火微光般的微小行動，但這股力量聚集起來，也能照亮世界，做出對氣候危機最直接、最具意義的回應。因為每一股相信減塑精神的力量，都會匯聚成更大的力量，互相陪伴，引領彼此走向資源永續循環的未來。

從校園萌芽到生活實踐

然而，「永續」的價值觀該如何傳遞到下一代呢？點亮計畫即將邁入第八年，這期間在全台校園裡誕生了許多故事，這些故事最初的起點，皆是從點亮自己開始的嘗試，無可避免地伴隨挫敗、失落……當然也有著鼓舞人心的感動。

比方像是雲林縣斗南國小的學生小倢，某日他帶著塑膠吸管進學校，老師以為他又調皮搗蛋，刻意不參與減塑，後來發現是誤會一場，原來小倢是在樓梯間撿到吸管並準備丟棄。這場誤會也讓老師反思，推動減塑不僅要關注成果，更要體察學生的用心與努力。小倢因此受到鼓勵，開始熱衷於減塑和淨街行動，展現出環保小英雄的風範。

這股小英雄炫風也吹到台北市仁愛國小，點亮計畫的減塑集點活動激發了孩子們的向心力，原本全班累積的點數總是落後的某一班級，因為一名同學積極帶頭減塑，逐漸提升整體動力，最終逆轉成為冠軍。這次經歷讓學生們感受到，減塑行動不僅是競賽，更是一場合作精神的體現，增進班級的凝聚力和榮譽感。

而在台東縣富山國小利吉分校，學生曾浩藍發起「難吃早餐店」的減塑革命。他起初因被老闆拒絕使用自製食物袋而感到挫折，

但經過多次嘗試後，終於成功說服老闆配合，停止使用塑膠袋，成為同學中的榜樣。浩藍的堅持讓大家意識到，即使在面對挫折時，只要努力不懈，仍然可以推動改變。

這些校園故事或許不是能見報的大新聞，但每一則都是深植在生活中，學生們從自己的周遭參與減塑，從中找到克服挑戰的力量、培養在挫敗中學習奮起的精神，也進一步促成對社會和地球的永續貢獻。

尋求破局之道的減塑教育

當我們在點亮計畫中看見小學生的改變，感動於下一代對地球環境的努力之際，別忘記了計畫中的另一群核心角色：在全台各地推動減塑行動的老師們。

來自台南市新泰國小的蕭淑美護理師，起初帶領學生進行減塑活動時反應熱烈，但隨著時間推移，校內師生熱情逐漸消退，讓她感到孤軍奮戰；在台北市葫蘆國小，陳璟儷老師則需要因應班上亞斯特質學生小宇對特定行動的執著，耐心引導其接受團隊合作的價值；在新竹市竹蓮國小，吳素珠老師則遇到習慣跟老師唱反調的小霸王小弘，

高雄市八卦國小師生與bb隊長。
（照片提供：陳莉羚）

因不理解活動意義而直接在課堂上表達抗拒；而高雄市八卦國小的陳莉羚老師，在指導學生成為減塑小講師時，必須衡量學生對外執行理念宣導的掌握度，以免適得其反。此外，外部環境的變化也成為一大考驗，台中市鎮平國小的徐培嘉老師發現，外送平台的普及已改變家庭消費模式，影響學生家庭的減塑意願。

這些故事折射出：推動減塑並

（照片提供：南島真希）

非單靠教育宣導即可，教師們需要不斷調整策略，兼顧學生個體差異與社會現實，才能在持續的挑戰中找到破局之道。

照亮減塑前路的關懷與陪伴

除了學生、老師的用心，在點亮計畫背後，還有一群幕後功臣——分布於全台 13 個區域的 108 位「關懷員」。他們是串聯 520 所學校的核心力量，不僅協助教師申請集點卡、使用資源，更以細緻地陪伴，為教師們解決實際困難，讓減塑行動在校園內外持續推動。

這群關懷員來自不同背景，卻都有著共同的目標與熱忱。例如，中區關懷員廖美貞和陳怡廷，從前線教師轉為幕後支援者，充分理解教師在繁忙教務中的壓力。他們以同理心陪伴老師，用溫暖的手寫卡片、耐心地鼓勵，讓第一線的教師感受到支持，不再孤軍奮戰。廖美貞甚至提到，從陪伴教師推廣減塑的過程中，見證了校園內外師生間的愛與成長，讓她充滿喜悅地繼續這份使命。

在高雄，關懷員蔡麗繡和張鳳麟展現了不同的陪伴模式。蔡麗繡擅長整合資源，運用過往在校園推動生命教育的經驗，為教師們量身打造支援計畫；張鳳麟則以耐心傾聽和實際協助，鼓舞教師們突破推

廣困難。蔡麗繡提到，她曾協助一位教師申請教師敘獎，讓對方在疲憊中重新找回動力。慈心減塑專案負責人許婉瑜也分享道，曾經有個老師接到關懷員電話，下意識就感覺到壓力，以為關懷員是來催成果的。可是關懷員對她說，「我沒有要講減塑，我只是想單純關心妳，妳好不好？」

無論是跨區域的奔波，還是源源不絕的支持，關懷員的每一步，都在為校園中的減塑行動注入能量。他們如同燈塔提供光亮與溫暖，協助教師繼續前行，並始終堅定地佇立在需要的地方，以專業照亮減塑教育的前行之路。

校園減塑成果豐碩 延伸影響力至社會

點亮計畫於 2018 年啟動，初期由新北市海山國小試行，累積減少 33,500 個一次性用品，並驗證核心教案的可行性。隨後逐步擴大至全台各地學校，從小學延伸至國中，全面強化學生的減塑素養。例如，在試行優化期，12 所學校參與，共減少超過 40 萬個一次性塑膠用品。而到第八階段，參與學校已達 520 所，總計減少 1,600 萬件塑膠用品，對應聯合國永續發展目標和「台灣 2050 淨零碳排」政策，為環境永續奠定基礎。

如今計畫的影響已超越校園，透過學生的行動逐漸延伸至家庭與

（圖片來源：慈心有機農業發展基金會）

社區，形成減塑風潮。多元創新的活動設計，如「bb 減塑大集合」結合淨街行動與生活減塑理念，吸引社會大眾參與，進一步擴散影響力。此外，計畫推出互動地圖平台與減塑影片，生動呈現學校努力成果，不僅感動人心，也啟發更多人加入守護地球的行列。

點亮計畫成功將減塑理念扎根於學校教育，透過學生實踐逐步改變日常生活習慣，最終轉化為社會

行動力，成為全台減塑的核心推動力量，持續為地球的永續發展注入新能量。

全球塑膠公約與台灣的減塑貢獻

《全球塑膠公約》旨在應對全球塑膠污染危機，建立從生產、使用到廢棄物處理的全生命周期管理機制，以減少塑膠製品對環境的影響。該公約的草案提出限制一次性塑膠用品、加強塑膠回收利用及推動替代材料的開發，為全球環保政策提供清晰方向。雖然台灣非聯合國會員國，無法直接參與公約談判，但憑藉其在減塑行動中的傑出表現，透過國際會議、學術交流與合作專案積極分享經驗，已成為推動減塑行動的重要力量之一。

台灣在減塑領域的成就主要體現在「從校園出發，延伸至社區與企業」的全面策略中。點亮計畫至今透過八個階段的推動，累積了豐富的實踐經驗，不僅成功減少了數千萬件一次性塑膠用品，還建立了具體可行的減塑模式，包括教師培力、課程設計與實施、減塑集點活動等。這些成果不僅於校園內生根，更進一步影響學生家庭與周邊社區，形成全面的減塑文化。

基於校園的成功經驗，台灣近年將減塑推廣範圍擴展至企業與社會各界。例如，透過合作倡導環保

理念的企業參與塑膠源頭減量；推動社區減塑行動，鼓勵民眾以自身行動支持環境保護；並與國際組織合作，舉辦全球性研討會和減塑活動，展示台灣的實務經驗，提升國際能見度。這些努力展現了台灣在全球減塑行動中的積極角色，也使台灣的經驗成為許多國家與組織的參考範例。

未來，我們期許能繼續深化減塑行動，配合《全球塑膠公約》的相關目標，並結合聯合國永續發展目標（SDGs）與「2050 淨零碳排」政策。透過校園、社區與企業的協同努力，以實際行動支持全球塑膠污染治理，為共同打造永續環境貢獻一份力量。

許諾美好未來的減塑旅程

夕陽的餘暉灑在平靜的海面上，眼前湛藍的海洋和潔淨的沙灘，是這座島上許多人守護已久的家園，正因為越來越多人的加入，變得越來越美好。曾經那些散落的塑膠垃圾，隨著潮水被帶進大海，像一道道隱形的傷痕，刺痛著那些熱愛島嶼、關心海洋、不忍生命受傷害的守護者們，他們決心改變，不僅從自身做起，更發揮教育的力量，影響下一代，深植減塑仁心。如今一雙雙小手、大手攜手合作，拾起垃圾，改變生活習慣，逐漸讓這座島嶼、這片大海重獲新生。

減塑的旅程從來不容易，猶記得第一所學校加入點亮計畫的情景，孩子們懷著好奇與熱情，用環保袋代替塑膠袋，用餐盒取代免洗餐具。這些微小的改變，像是每滴流進大海中的水，雖然渺小不起眼，卻能積少成多，匯聚成滾滾浪潮，就如孩子的小行動能感染他們父母，一個家庭的改變就能影響一個社區，而社區的力量更能擴散到企業與國際，最終形成一股無法忽視的減塑風潮。

減塑從不僅僅是環保的選擇，更是一種生活方式的革新。每一個被重複使用的環保餐盒，都是對地球的一份承諾，對海洋的一份守護。如今，這些師生們跟著點亮計

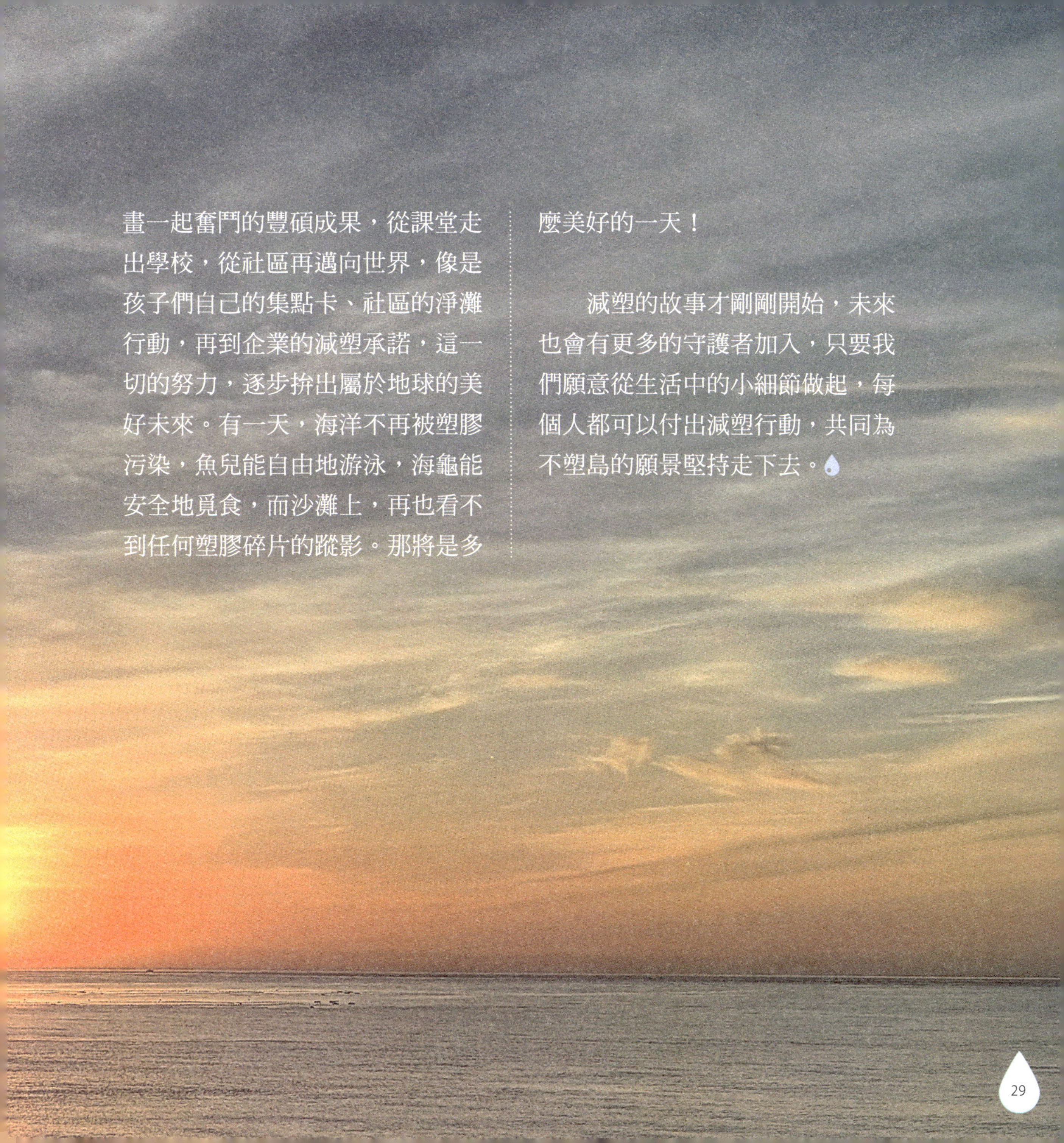

畫一起奮鬥的豐碩成果，從課堂走出學校，從社區再邁向世界，像是孩子們自己的集點卡、社區的淨灘行動，再到企業的減塑承諾，這一切的努力，逐步拚出屬於地球的美好未來。有一天，海洋不再被塑膠污染，魚兒能自由地游泳，海龜能安全地覓食，而沙灘上，再也看不到任何塑膠碎片的蹤影。那將是多麼美好的一天！

減塑的故事才剛剛開始，未來也會有更多的守護者加入，只要我們願意從生活中的小細節做起，每個人都可以付出減塑行動，共同為不塑島的願景堅持走下去。

Chapter 2

先行者

引領無塑新時代

身為前導學校的他們，勇於探索、樂於分享，

為減塑課程規劃系統方法論，

讓減塑教育扎根校園照亮前路，

引領更多學校一同踏上永續之路。

“呵護萬物生靈，從隨手減塑開始”

楊東錦 | 新北市 海山國小老師

資訊爆炸的時代，3C產品、AI盛行，對教育來說，好處是知識取得變得容易，我們能更方便地更新教材；但難點是學生變得較浮躁，課堂上需要花更多工夫才能提高他們的專注力。

身為老師，我一直反覆思考：我要教孩子什麼，才是對他們一輩子有幫助的？甚至是有助於整個社會與環境？我的結論還是要回歸核心，教他們網路和課本上學不到的、也是最歷久彌新的生命教育。

左圖／環境教育工作坊的夥伴們。（照片提供：楊東錦）

右圖／與工作坊夥伴們共同備課、試玩減塑桌遊。（照片提供：楊東錦）

2011 年，擔任教務處課程研究組長期間，適逢環境教育法通過，每位老師需完成四小時的時數，所以我們組成了環境教育工作坊，每學年都有一位老師代表推動環境教育，現在已經邁向第 14 年了，社群成員仍有十多位。

環境教育工作坊的前身，是 1998 年成立的生命教育工作坊，成員們都相信人與自然密不可分，萬物一起生活在地球上，我們吃的用的都和環境息息相關；但當我們享受便利時，也在無形中破壞環境：樹木被砍伐、農藥影響生態、極端天氣頻繁出現……種種環境惡化的現象油然而生。起初，工作坊以推動有機農業、低碳蔬食的教育為主。雖然過去我曾看過塑膠危害的報導，但沒有太深入了解，直到 2016 年參與一場傳遞減塑知識的講座，才深刻認識到原來塑膠已對環境造成這麼嚴重的問題！減塑行動已是刻不容緩，後來減塑成為我們工作坊核心關注的課題。

2018 年「點亮台灣 · 點亮海洋」校園減塑計畫以海山國小作為第一所試辦學校，系統性地引入減塑課程。計畫團隊很用心地召集幾所學校的老師們一起開會設計課程，在班級中試教後，再做教案的修改與調整，就這樣在我們分享經驗、互相鼓勵的交流下，一步步完善減塑教育的課程規劃。

Tips

“讓孩子珍視每一個生命，不論長大後走上什麼樣的道路，都會帶著這份善良柔軟，去對待任何人事物。”

我認為，老師們先對自己的授課內容有感，才能讓學生共感。我自己最有感覺的是看到許多原本快樂生活的動物，因為人類的便利而受到傷害、失去自由，內心為之心痛和不忍，所以我嘗試著從這個部分切入，不管我們帶領孩子們體驗種植有機蔬菜、食農教育還是減塑生活，最終想培養的是一顆感恩惜福、愛護生命的心。

教學與時俱進
連結知識與生活

在課堂中融入減塑並不難，幾乎每個學科都能找到切入點，因為塑膠問題橫跨多個領域，也是全球性的議題。它不僅出現在英語、國語課文裡，社會老師也結合聯合國永續發展目標（SDGs）以及相關的非營利組織案例，來帶出塑膠的危害；我們團隊中較多低年級的班導師，他們在生活課裡推動減塑。至於我則是自然老師，自然領域涵蓋動植物、生態保育、水文、土壤、地球科學等內容，因此更能夠順理成章地連結到環境議題，讓學生理解塑膠微粒如何影響生態系統，甚至進一步危害人類自身的健康。

平時我會關注環境相關議題，收集各類新聞報導、紀錄片和研究發現，在課堂上旁徵博引，與孩子們一起討論時事，像是莫拉克風災、洛杉磯大火等，很適合用來探討環境保護重要性的題材，從這些事件真切體會到地球暖化與氣候變遷不是電影上的災難片，而是真實影響人類生存。我會鼓勵他們思考：除了人類，還有誰的家園也被摧毀了？為什麼這些極端氣候事件越來越頻繁？我們的生活方式是否與此有關？在設計課程時，除了教學內容和方法要與時俱進，更重要的是結合孩子的生活經驗，覺察環境問題與自身有關，才不會覺得老師說的東西離我好遙遠。

我們團隊曾做過一齣公播劇「小微粒的旅行」，為此查閱了大量的參考資料，其中有一項研究發現特別讓人震驚：人類的尿液和糞便中已經檢測出塑膠微粒，這意味著塑膠已經進入了我們的身體內部。

當時我不禁開始思考：塑膠微粒被幸運地排出體外，表示曾進入人體，那麼它是否也會殘留在我們的內臟、血液，甚至是呼吸系統中？它會不會對人體健康造成長期影響？這些問題，在當時仍是科學界探索的範疇，但幾年後，越來越多的研究證實了這些擔憂並非多餘——塑膠微粒確實存在於人體內，甚至與心血管疾病、失智等健康風險相關。

製作這齣劇，不僅讓孩子更認識塑膠微粒，了解它對人、海洋動物、陸地動物的威脅，更重要的是，這是一個引導他們系統性思考的機會。對孩子而言，除了有能力查找資料，還要能分析資訊、從不同角度審視議題、探究前因後果，

這樣在面對更複雜的未來時，他們也能夠應用思辨能力，持續探索、質疑，並積極尋找解決方法。

同理萬物之苦 選擇做善良的人

除了課堂知識，我們減塑教案的主軸其實是從保護生命出發，讓孩子看到動物因為我們使用的塑膠受到傷害，引發他們的同理心，為了不讓動物再受傷而願意避免使用一次性塑膠製品，進而開始重複使用環保用品。

我會提問引導孩子換位思考：「你有肚子痛的經驗嗎？如果吃東西吃太急、或是吃太多，就會肚子痛對不對？想想看，如果你是信天翁寶寶，肚子塞了這麼多東西，是不是很不舒服？又餓又吃不下去，最後還會營養不良死掉。」孩子們聽到這裡，臉上的表情往往變得嚴肅起來，而我會再進一步說：「爸

與孩子們錄影公播節目「用心飲食救地球」。
（照片提供：楊東錦）

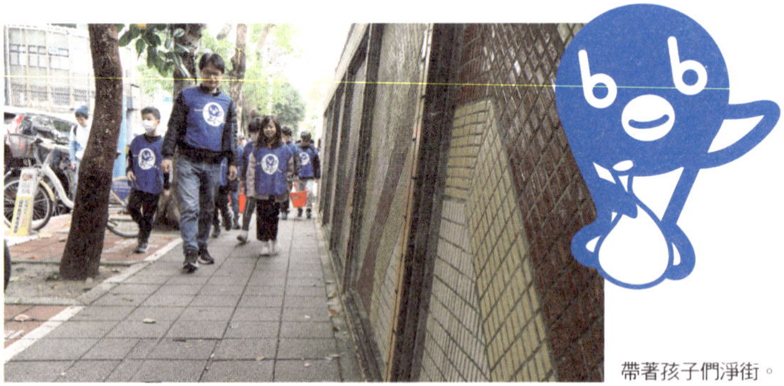

帶著孩子們淨街。（照片提供：楊東錦）

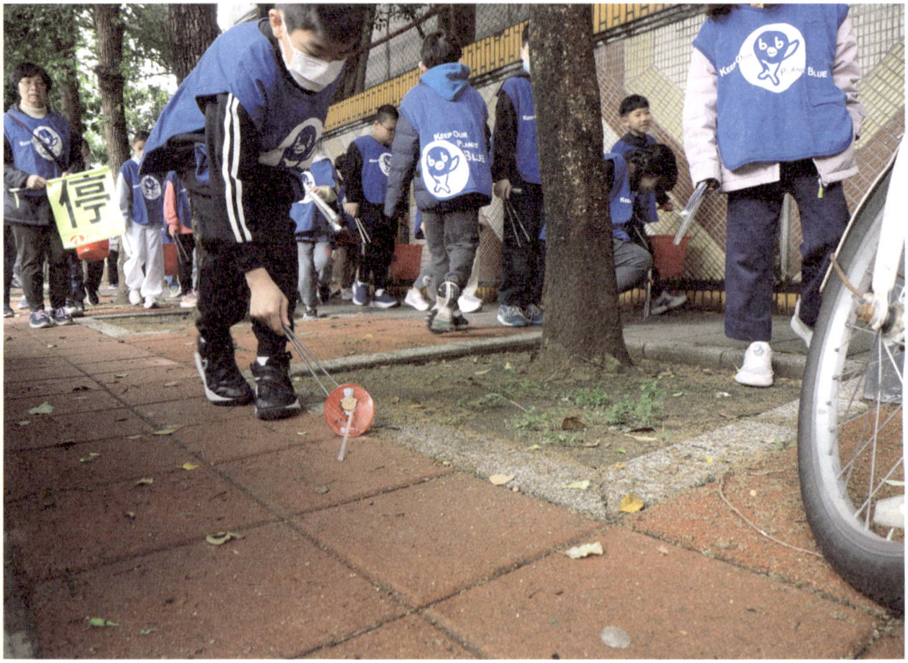

爸媽媽是世界上最愛你的人。信天翁媽媽一定也愛牠的寶寶，可是牠不小心餵給孩子吃的，卻是一點營養都沒有、甚至會害死牠的東西。如果牠知道了，是不是會非常非常傷心？」這段影片本就令人心碎，搭配老師的引導，孩子們能很快試著想像鳥寶寶、鳥媽媽的痛苦和悲傷。

但我們不希望孩子只停留在短暫的感傷，下課就拋到腦後，因此也會設計一些活動，讓他們體驗動物被束縛的感受。例如：搭配一隻鳥被塑膠袋纏住的照片，讓他們在大熱天把雨衣穿在身上，或是用橡皮筋把塑膠袋綁在手上，才過了三、五分鐘，汗水就開始浸濕皮膚，手腕的束縛感也變得越來越明顯，當孩子開始躁動時，我會問他們：「現在可以把塑膠袋拿掉了，但照片裡的這隻鳥呢？牠能靠自己掙脫嗎？」這種親身經歷過的難受，更能引發孩子對動物的同理心。

「有注意到牛奶罐瓶口的塑膠環嗎？這麼小的東西，竟然會讓一隻海豚死掉。」每次我這樣說，總是有人驚呼：「怎麼可能！老師你太誇張了！」我就請他們試著拉拉看，不只孩子們，連大人都是沒辦法破壞它的，如果太用力手還可能會受傷，所以當海豚的嘴巴被塑膠環套住，最終也只無奈掙扎，力竭而死。

我時常選在期末考後、學期的

最後一週，和學生分享塑膠汙染的照片和影片，這些內容不會出現在考題裡，也沒有需要死記硬背的重點，但我相信，這些畫面和感受，能夠在他們純真的童年記憶裡，留下難以磨滅的印象，引發悲天憫人的心，培養環境公民的責任感，成為他們未來在做許多重要決定時，選擇善良與尊重生命的理由。

令我振奮的是，孩子們是真的能夠吸收我們想傳遞的觀念。前陣子我帶學生到學校菜園收成時問：「種菜過程中，你們學到了什麼？」一個孩子抬起頭，靦腆地笑著說：「我學會了怎麼照顧植物，就像是學會怎麼照顧人類一樣。」我愣了一下，然後忍不住微笑。種菜難免要經歷日曬雨淋、體力勞動，孩子卻能在這樣的辛苦中體會到，植物也是美好的生命，會因為你善待它而茁壯，也會因為你的輕忽而失去生機，希望這樣的認知能讓孩子珍視每一個生命，不論長大後走上什麼樣的道路，都會帶著這份善良柔軟，去對待任何人事物。

拋開他人眼光 勇敢堅持對的事

盼望著孩子的未來，也不免會想到自己的未來。最近一次環境教育工作坊的期末聚餐上，我們幾個年紀相近的老師甚至聊到了接棒，笑著跟團隊裡最年輕的老師說：「我們應該會差不多時間退休喔，

等我們退休了，換你來接！」這是很特別的氛圍，沒有一個人認為自己做完今年就要卸任，回歸一般的班導、科任或行政職責，讓自己輕鬆一點，而是有心想要一直做下去，做到教師生涯結束的那一天。

成員們覺得環境教育工作坊是一個溫暖的地方，也會邀請志同道合的同事加入，過程中當然需要磨合，但告訴自己要保持開放的心，透過傾聽討論來形成共識。每當有新點子出現時，大家會聚集起來，各自發表意見，一起讓想法更加完整，再一起下去執行。這樣每一個人都有貢獻，就會很有參與感，需要承擔的工作和壓力也不會那麼大，我想這就是「一個人走得快，一群人走得遠」這句話的具體實踐。

其實我的個性一直是比較害羞內向的，要出來統合團隊、與人互動，對我來說是很大的挑戰，但這份信念和夥伴的陪伴，支持我不斷突破，學會跳脫小我、跨越恐懼。我也把這樣的心得，在減塑的過程中和孩子分享。

先前我們帶 30 多個小朋友走出校園到社區淨街，出發前有小朋友擔心地問：「老師，我們這樣去淨街，別人會不會覺得很奇怪啊？」我反問道：「你們覺得淨街這件事是對的還是錯的？」「當然是對的呀！」孩子們七嘴八舌地回答。於是我再問大家，「如果我們很確定自己在做對的事，別人卻投

來異樣眼光，可以怎麼辦？」有的孩子說，不管他，我們做我們的；也有孩子想到，我們是全班一起去做，人數眾多，就不會那麼奇怪了。

「大家說得都很好，做對的事有時候需要一點勇氣，因為別人不習慣嘛，但我們一起做，就不用怕。」就如同多年前拿著環保杯去買飲料，有時還會被拒絕，但堅持到現在，已經非常普遍了。我也和孩子們分享，在家門口或學校裡看到有垃圾，我會蹲下去撿，不但走廊變乾淨，我看了開心，之後路過的人也不會因為地上有垃圾而皺起眉頭。

淨街的過程雖然只有短短 20 分鐘，但孩子們撿垃圾撿到欲罷不能，還好有工作坊的老師幫忙照看，我還要一直叮嚀：不要衝、不要跑、不要搶。看到他們這麼投入，氣氛如此高昂，我才發現，減塑是一件可以創造快樂的事。

回顧自己這些年的心路歷程，偶爾會感到疲憊，但靜下來想想，其實心裡是很光榮的，並不是要獲得什麼掌聲或喝采，而是覺得有做這一件事，讓我的教學生涯更值得，也讓生命有意義。接下來的日子，我最大的心願就是透過我們團隊的努力、各界的合作和產業的進步，能夠徹底終結塑膠災難，讓這個世界，不再有任何生命因塑膠而受到傷害。

慈心基金會與海山國小「bb減塑大集合」淨街活動，師生與里民大會師，攜手揪出角落怪塑守護家園。（照片提供：楊東錦）

“傳遞信念火種，減塑工作變使命”

陳雅婷｜新北市 海山國小老師

「命運中的偶然，往往來自性格所造就的必然。」——回想我在推動減塑教育之路上的點滴起伏，或許這句話就是最好的註腳。

對於過往在校園推廣的環境教育活動，我如數家珍。其實，能夠保持動力並完成這麼多的任務，都是來自我腦中不斷浮現的一個念頭：「我還可以再做些什麼？」

2018 年，「點亮台灣 · 點亮海洋」校園減塑計畫開始深入校

園推動減塑，海山國小成為首所試辦的學校。我之所以接觸到環境教育，只是因為2014年接任衛生組長，單純抱著行政支援教學的心態，並沒有想太多；隔年，因為園遊會中，光一個攤位就會產生四大包垃圾，讓我萌生了要減塑的念頭；2016年後，才真正全心投入環境教育，沒想到這份工作從一項職務成為我願意長期耕耘的志業。

結合新北市政府協辦的「無肉市集」，海山國小辦理減塑闖關活動。（照片提供：陳雅婷）

在接下組長職務前，海山國小的環境教育工作坊已小有規模。起初，我只是依著熟悉業務的心態參與幾場教師共同備課，而後感動於工作坊老師們的無私奉獻，便開始思考：身為行政人員，我能為老師們做些什麼？如何讓老師們能夠無後顧之憂地研發教案、推行環教課程？當我意識到這件事情很有意義時，心態便徹底改變了。

由於工作坊設計的減塑教案是非強制性的，老師們可自行決定是否採納推行，但這樣一來，可能只有特定幾位老師參加，其他班級的孩子就無法接觸到環境教育。

「我還能做些什麼，才能照顧到這些班級？讓所有小朋友都能透過簡單的小活動，反覆接觸、複習減塑觀念，然後牢牢記在心裡？」我焦急地在心裡不停自問。也正是這樣的性格，讓我無法只安於行政工作本身，不論是寫會議紀錄、貼郵票寄信等瑣事，我都盡力完成，但我希望能做得更多，因此我也積極參與，甚至主動發起減塑活動。令人感動的是，這些行動陸續收到來自校內外的溫暖回饋，不僅點亮了我的信心，也在孩子心中種下一顆顆減塑的火種，讓我的信念越來越堅定，在一次次實踐中，慢慢形成正向循環。

創意教案連發
發揮影響力

民以食為天，對孩子而言更是如此。從飲食出發，是最貼近生活、最容易落實的環境教育方式，產地、食材、營養午餐等，都能是連結的起點。

在推動減塑之前，工作坊的重心放在宣導有機農法，除了辦理講座，我們還邀請農夫老師進校園，教孩子們認識自己喜愛的菜餚是如何從土地來到餐桌，並介紹天然無毒的耕作方式。孩子們明白：雖然有機需要更多心力，卻能收成安心營養的蔬果，為健康把關，也能守護大地生機。我們也發起「感恩傳千里」活動，邀請全校孩子寫

> 當我們把自己縮小，
> 才能看到別人、看到大家。

片，感謝全國的有機農夫。沒想到卡片寄出後收到許多熱烈回應——農夫們打電話來致謝、分享耕作的甘苦，還有人回信給孩子們，甚至寄來親手栽種的番茄、草莓等作物。這個時候，我深刻感受到，自己正在做一件非常有意義的事。

在這樣的基礎上，我進一步發起了第一個全校性活動——「飯菜吃光光」，孩子們多少有偏食的習慣，常造成午餐剩食。我在朝會上，從「惜食感恩」的觀念出發，鼓勵大家珍惜農夫的辛勞，盡量不剩飯、不剩菜。「雅婷老師妳看我都吃完了！」「雅婷老師今天我們班都沒有剩飯剩菜喔！」有了前幾年有機、食農教育的鋪墊，孩子們很容易對環境議題產生共鳴，也積極跟我分享自己「飯菜吃光光」的成果或照片。

那一聲聲的「雅婷老師」讓我第一次知道，原來我的一句話，孩子們會記得這麼清楚，會這麼認真地想做到。這也是我第一次看見自己在工作上的影響力！

善用自身優勢
尋找新解方

爾後，我更確信行政角色的範圍，遠超過我的想像。我開始想，除了鼓勵惜食，午餐供應方式是不是也能減少塑膠使用？

海山國小學生人數多，是午餐廠商很重要的客戶，因此他們的配合度很高。抓住這點，我主動找來廠商討論，在不增加成本、不影響運作的前提下，共同找到減塑的可行方案。

午餐減塑最常遇到的疑慮是食安。老師們第一個反應往往是：「不用塑膠袋裝，乾淨嗎？」其實廠商比我們更在意這點，因為一旦出事，將影響他們日後的營運。於是我們在正式推行前，一一盤點疑慮，從運送方式到餐具選擇，確保每個細節都無虞。最後，我們選用雨傘布做成束口袋來裝環保餐具——可以清洗、可消毒，既減塑又兼顧衛生，也讓師生與家長都能安心。

另一個讓我印象深刻的合作，是與文具品牌利百代的接觸。當時

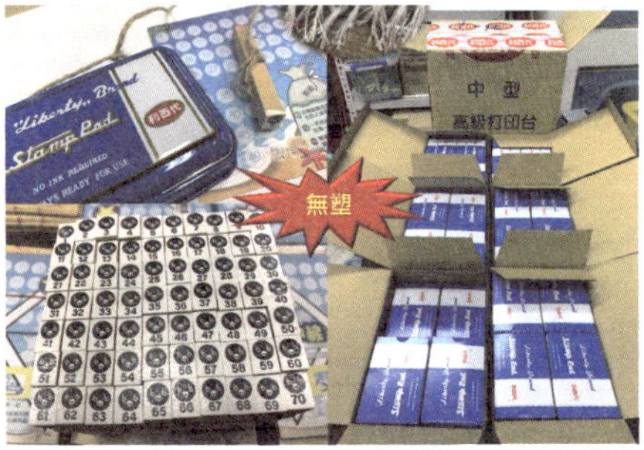

上圖／營養午餐減塑。（照片提供：陳雅婷）

下圖／無塑文宣品及印章、印台。（照片提供：陳雅婷）

學校舉辦減塑園遊會，孩子們與家長很有默契地不使用一次性塑膠餐具。（照片提供：陳雅婷）

為了籌備「減塑友好商店」，我們需要準備一批印章、印台，卻發現市售的印台幾乎都有塑膠包裝。我向業務提出減塑需求，卻屢遭婉拒，幾乎要放棄之際，我靈機一動，直接寫信到利百代客服，沒想到信件被轉到高層，最後一位經理不僅答應支持，還特地將我們的貨分開包裝，連發票上都註明：「不包塑膠膜」。

「愛護地球是大家的責任。」順利完成任務後，我寫信致謝，收到這句溫暖的回覆。這讓我相信，只要堅持信念，鍥而不捨地尋找各種可能性，終究會遇到志同道合的同伴，在減塑的路上並肩同行。

學會看見他人難處 從挫折到轉念

任何新觀念或行為的普及，都需要時間，因為從「知道」要減塑，到真正「做到」，中間還有很大一段距離，這曾讓我感到灰心。

從 2015 年開始，我們每年都辦減塑園遊會，但直到現在都還會有一兩個班級用到一次性塑膠，以前看到難免會覺得喪氣，甚至萌生「好像只有我在堅持，我不要當衛生組長了」的想法。但在 2018 年的那場園遊會，心境有了很大的轉變，我試著理解，其他人在「知道」和「做到」之間，究竟遇到了哪些難處和苦衷，而我又能如何協助。

有一班老師說想要賣乾冰汽水，擔心放在保溫杯裡會爆炸，所以需要用到免洗杯。如果是以往的我，可能會直言反對：「不要賣這個不就好了？」但這次我選擇先聽對方說完，才知道這是孩子們票選出的活動內容，老師們只是想尊重孩子的選擇。當我放下情緒，才理解到老師並非不支持減塑，而是難以兩全。

心境轉變後，看待事情的角度也不同了。

像有次高年級山訓，因為要輕裝出行，過往旅行社都會發瓶裝水和童軍繩，讓孩子們把水背在身上。我提議改用童軍繩綁自己帶的水壺。老師擔心孩子的水壺若遺失或損壞，家長可能無法接受。最後折衷我們達成協議：每人發一罐瓶裝水，喝完用大容量紙箱水來補充。山訓當天，我在現場仔細觀察，發現山訓場有空間放桌子，假使讓孩子自備水壺，引導他們集中放置、定點取用，反倒可以避免孩子排隊時甩童軍繩瓶裝水的亂象，而這項提議也獲得老師們的認同，令我感到欣慰。不急於立刻全面到位，停下腳步觀察難點，循序漸進讓結果更圓滿！

「真的很感謝、很感恩那場減塑園遊會。」以前的我會選擇硬碰硬，但現在學會放慢腳步，願意看到別人的難處，也發現：減塑其實不是我一個人的堅持。大家都在慢慢改變、磨合、努力前進，終將一起走向同樣的目標。

發自內心守護
溫柔而堅定

十年過去了，越來越多人加入減塑行列，讓我感到無比振奮。

在海山國小任職八年的前校

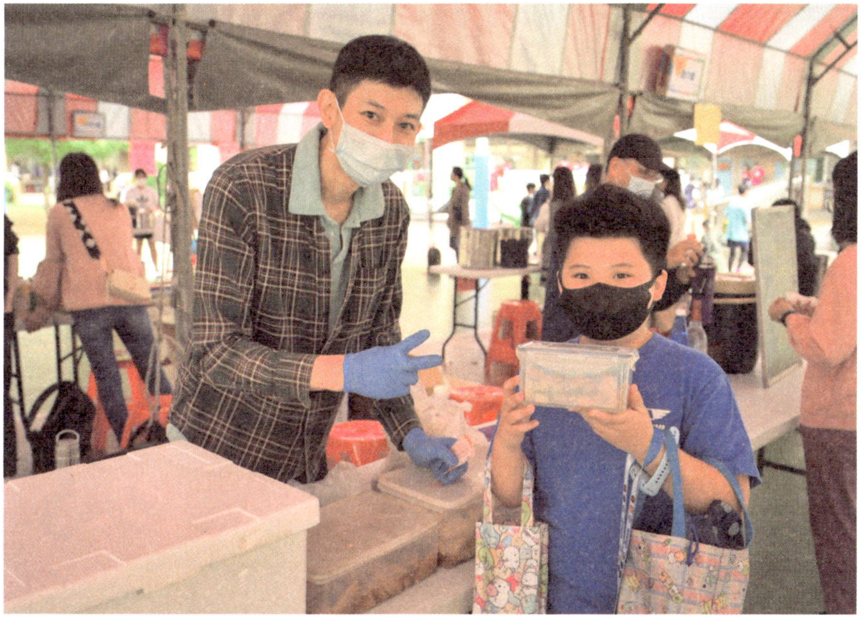

減塑園遊會，孩子們自備餐具購滿食物。（照片提供：陳雅婷）

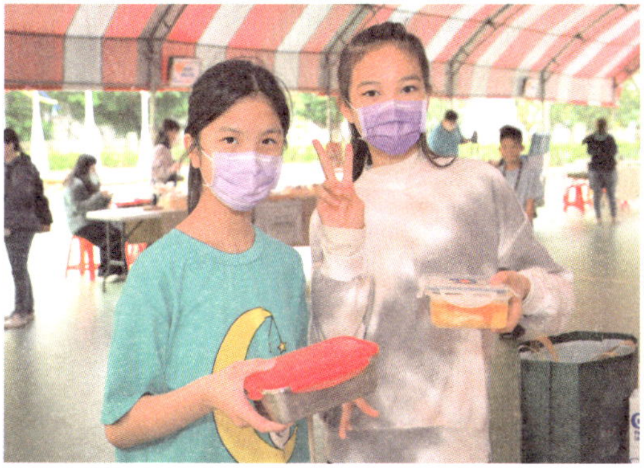

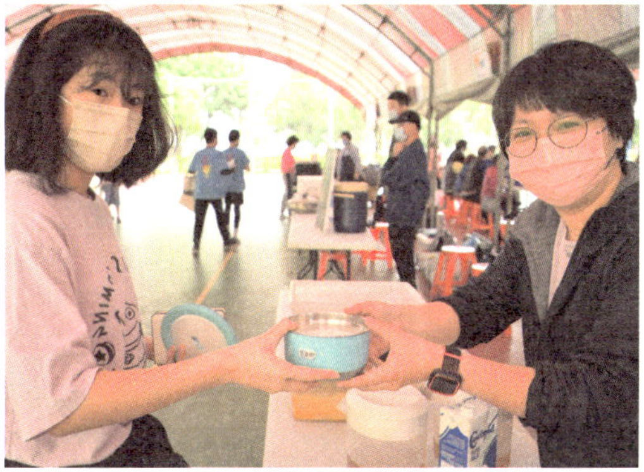

長，親眼見證我們推動減塑的歷程，從初期的旁觀，到後來主動請我提醒他在各項活動中落實減塑，連中元普渡，他也不再叫外賣，而是請學校附屬幼兒園的廚房阿姨自煮，改以大鍋盛裝，避免使用一次性餐具；接待外賓或長官訪視時，他不再訂飲料，而是親自泡茶招待

環境教育工作坊老師們邀請店家加入減塑友好商店，目前共有56家。（照片提供：陳雅婷）

訪客。

「大家看看這是誰？」我在朝會上秀出一張照片。「哇！是校長耶！」孩子們開心喊道，原來校長不僅在校內實踐減塑，還被拍到自備餐具到減塑友好商店外帶餐點，成為最具說服力的榜樣。

有一次，我自己在減塑友好商店時，遇到一位自備餐具卻沒要求蓋章的孩子，當我問起原因，孩子回答：「老師，減塑這件事我都記在心裡了，不需要用集點來提醒我。」臉上的笑容，帶著心照不宣的默契和得意。這番話，帶給我意外的驚喜。過去，我們只看到低年級孩子比較積極參與集點，總想不明白為什麼到高年級反而變得不踴躍，原來，減塑早已在孩子們心中扎根，不需要規範、提醒或任何誘因，而是一種自然而然的選擇。

「當我們把『我』放得很大時，就會覺得只有我做的事才是對的，別人都是錯的，只有我在努力，別人都沒有付出；當我們把自己縮小，才能看到別人、看到大家。」這是一路走來自己最深刻的體悟，如今，是我與孩子分享的重要觀念。

推動減塑對我而言，不再只是單純的任務，而是發自內心的守護——守護夥伴的信念、守護孩子的成長、守護環境的未來，讓我由內而外都變得更加柔軟，卻也更能堅持、更有力量。

“讀懂無法言說的心聲，堅持讓改變發生”

駱蕾蕾 | 高雄市 汕尾國小老師

我在「點亮台灣 ‧ 點亮海洋」校園減塑計畫中擔任講師、推動各種減塑活動大約有八年的時間。很多人大概都會想當然爾地認為我生來就是個環保鬥士，但令我慚愧的是，事實不僅不是如此，甚至相反。對於各種環保議題，或是日常生活中的減塑習慣，我有很長一段時間都處於「雖然知道，但是認為做不到也很正常」的狀態。

直到 2016 年我參加了一個講座，從中接觸到減塑的理念。當時

專注撿拾布滿在鳳鼻頭海灘的瓶蓋、吸管、碎片等垃圾。（照片提供：駱蕾蕾）

台上分享的講師真誠地請求大家不要再使用塑膠製品，不要拖延，也不要懈怠，那真摯深刻的呼求使我深受震撼。

痛定減塑的決心

原來減塑已經是迫在眉睫的事了嗎？眼前的圖片中，海洋生物誤食塑膠製品而受到傷害，或是被塑膠製品纏繞而掙脫不得的痛苦神情，令我想起了曾經罹患恐慌症的那些日子。當時我身邊時時刻刻都離不得人，只要一獨處，就會陷入莫大的恐懼之中。

一般人大概根本不覺得獨處有什麼好害怕的，那卻曾經真切地使我焦慮無助。那一瞬間，我感覺自己深深地理解了那些海洋生物眼神中的哀戚絕望、掙脫不得卻又求助無門的痛苦。我也回想起陪伴父親住院插管的過去，並且親眼目睹那根拯救他生命的塑膠管給他帶來的痛苦。同樣的事情一樣會發生在人類與動物身上，只是動物卻無法以我們能理解的語言訴說感受。

「我想要救牠們！」一股強烈的意志在心中生起，從那之後，我下定決心要付諸行動，但在生活中早已習慣一再放過自己時，要扭轉長期以來的習性真的不容易。

我記得有一次我騎了十公里的單車，最後要去吃臭豆腐時卻發現：啊！我忘了帶環保餐具。當下當然可以想很多辦法，比如進去看看店家是否提供非一次性餐具；或是不要在意那一雙免洗筷，用一次而已沒什麼……但最後我選擇不吃，又騎了將近一小時回家，以此警惕自己。從此我就再也不會忘了要帶環保餐具。

有時候去外面買吃的，我會想到：這些食物或許明天就消化掉，但是裝食物的垃圾卻一直留了

下來，最後只能留給環境來承擔。那我們到底是在買食物，還是在買垃圾？又或者換個角度想，所有的飲料，不用吸管我們不也都喝得到嗎？

在現代緊湊的生活步調中，想要改變一件事，若沒有深刻感受到它的價值和重要性，是很難從自己原有的習性中跳脫出來的。於是我透過一次次的思索，在自己心中逐漸確立減塑的重要性，以及非馬上開始行動不可的必要性。

體現生命教育的意義 化作點亮人心的明燈

除此之外，身為老師，我認為

Tips

「減塑是條漫漫長路，
最困難的不是外在，
而是如何調適自己的心態。」

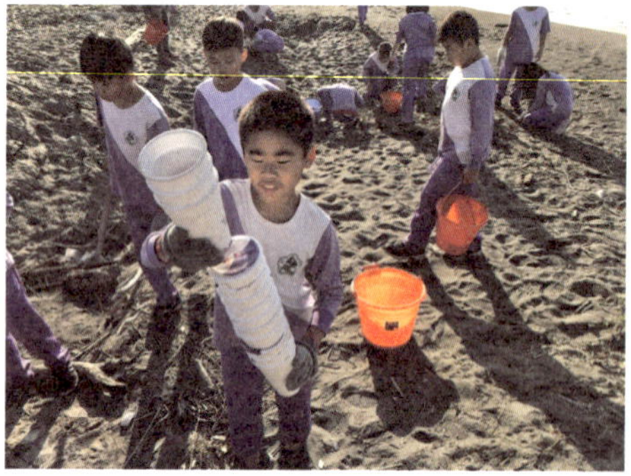

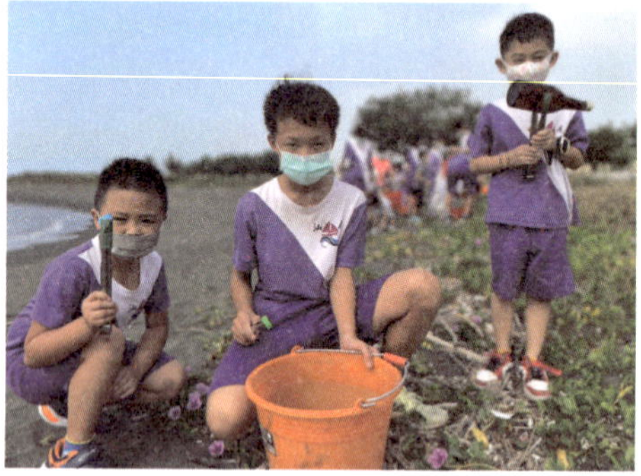

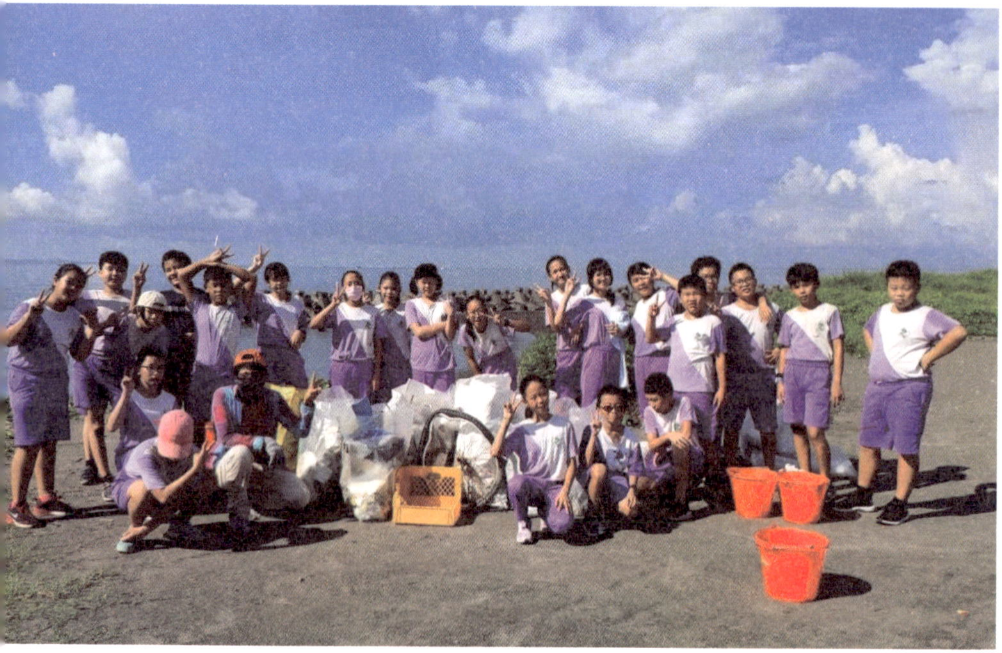

上圖／帶著汕尾國小的孩子們在汕尾月牙灣淨灘。（照片提供：駱蕾蕾）

下圖／履行每個月的淨灘活動。（照片提供：駱蕾蕾）

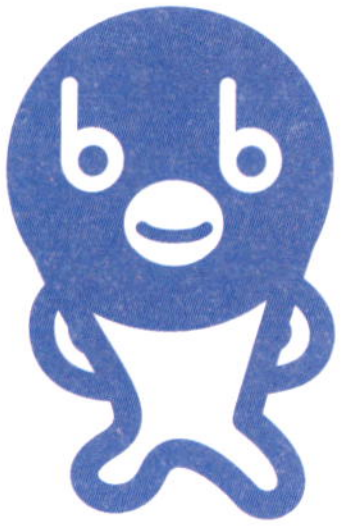

正確的、且一個人做起來力量有限的事，自然要帶著班上的孩子一起來做。尤其對我來說，減塑在生命教育方面更是別具意義。

我相信「心」主宰了我們的認知行為與情感，只有從自己的心出發、有所感受的事情，才會成為一個人真的願意去努力的事情。凡是生命，都有憂悲苦惱，當孩子們因為老師的某些引導，從照片、影片中理解了海洋生物的絕望與無助，他們其實是能夠接收到海洋生物的內心，能夠有所共感與憐憫，甚至會很投入減塑行動。

減塑作為生命教育的另一個意義是，我會帶孩子們去理解，生活中做出每一個行動的判斷時，我們都能往不斷提升自己的方向做選擇。舉例來說，假日我要帶孩子們去淨灘時，有些孩子就會覺得，在家裡吹冷氣、玩 3C 多好，為什麼要出來曬太陽？這時，我就會分析事情的利弊與價值，讓孩子們自己去做選擇。

為他人付出、幫助別人後得到的快樂是其一，同時這件事不只是自己得到快樂，也是對需要幫助的生物伸出援手，挽救了牠們的性命。如果有一天我們需要他人幫助時，我們也會期望有人能釋出善意，而不是所有人都冷眼旁觀，不是嗎？

玩 3C 的話，當下好像也會很開心，但過後留下的往往是眼睛疲倦、姿勢不正確造成的痠痛。越玩下去，人還會越來越懶惰，什麼事都不想做。你想得到什麼結果，你就要先行付出和做出選擇。

同時我也明白，孩子的減塑行動需要家長一起配合。我通常會在班親會上詳加說明，引導他們體認現今追求便利為主的消費型態如何造成過度浪費，製造大量垃圾的同時，也影響人類的生存環境。只要家長能夠認同「我們」正在造就這一切，就能一起做出改變。要求孩子減塑，家長就會比較願意配合，而不會只覺得麻煩。

後來，聽到有點亮計畫的出現，以及在團隊試行的前期，能夠受邀分享我和孩子們的減塑經驗，讓我非常開心，也期待自己在班上實踐減塑的心得作為建構點亮計畫的養分，讓有志於投入的老師們，看見在校園帶動減塑課程與活動的可能性。

減塑這條長路
關鍵在「調心」

減塑是條漫漫長路，如果要問我，投入至今覺得最困難的是什麼？我認為問題或許不在外在，而是如何調適自己的心態。

我之所以能一直堅持推動減塑，願意不斷和更多人分享自己的理念，正是因為我體會到了海洋生物的苦難，對牠們有很深的同情與

憐憫，強烈希望自己能夠做點什麼。與此同時，當我看到他人視若無睹時，我也會更加痛苦。要有足夠的動力保持做同一件事的熱情、要嚴以律己，卻又要注意不能用同樣的標準要求別人，給人壓力、嚇跑減塑夥伴。這期間分寸的拿捏，真的是件很困難的事情。

每逢這種時候，我就會認真試著同理他人的難處。他們並非不認同減塑的理念，但卻做不到，背後必定也有緣由。身為老師必須先認知到，每一個孩子的家庭環境、先備知識、個人的習性都不一樣，當施行教案沒有得到預期效果時，就得靠老師去觀察他們無法生出同理心的背後原因。

老師不僅要能夠真誠地關心孩子們的生命與苦樂，給予支持及陪伴，有些時候，也要學著去理解孩子們會卡住的困難點。之前我班上有個小女生，每天早上都會拿垃圾袋出門，一路撿垃圾撿到學校，路上順便買早餐。有一天我忍不住問她：「妳撿垃圾撿得這麼勤快，怎麼不自備便當盒去買早餐呢？」她有些羞澀地回答：「這樣很奇怪，我會不好意思……」

我把這件事記在心裡，想著要怎麼幫她克服？後來有一天，我就拿便當盒給她，拜託她去巷口的早餐店幫我買一份蛋餅回來。她一心想著要完成老師的任務，很順利地用自備容器買回了早餐。

每週自發性地去淨灘。
（照片提供：駱蕾蕾）

她回來以後我問她：「妳剛剛用什麼去幫老師買早餐？」

「便當盒啊。」

「那妳剛剛有沒有覺得不好意思？」

「欸……沒有耶！」

「妳明天也可以試試看，就像今天這樣把便當盒拿給老闆就好。」我不是直接跟她說「這有什麼好不好意思的」，而是想辦法陪她一起跨過這個困難點，後來她也就不再糾結了。

另外一個能有效調適心態的方法，我覺得是要往正確可行的方向，設立清晰的目標。人只要對一件事投注了心力，會想要看到成果是很自然的。但如果設立了不對的目標，可能永遠都沒辦法達成，還會因此不斷受打擊。比如去淨灘，如果想的是「我這次撿完就不會有垃圾」，當你後來看到海灘又被弄髒了，垃圾永遠撿不完，就會越來越沮喪，甚至會懷疑自己的付出；但如果想的是「我能夠撿多少，就能夠救多少生物」，盡己所能，做一點是一點，知道自己撿的每個垃圾，都代表對海洋生物又少了一點威脅，那無論身邊的環境怎麼變化，總能穩穩地堅持下去。

一點一點的改變是堅持減塑的動力

減塑之路，我走到現在是第八年。一開始，我為了扭轉自己多年來得過且過養成的許多習慣，時常在心中對自己喊話：「減塑刻不容緩！」當時我很急切地想要改變環境，希望能影響更多人，過程中也時常有沮喪氣餒的時候。一路走到現在，我反而發現，要集眾人之力做一件並不容易的事，必須是「事緩則圓」。如果憑一己的行動力往前猛衝，不僅造成別人的壓力，最後失望受苦的還是自己。

在這過程中，加入點亮計畫、成為講師，看到一路上原來還有許多同行者，即使遇到打擊士氣的事情，大家也都還沒退卻，讓我非常感動。有時個人的心力才智有限，但大家集結起來、彼此激盪，就出現了很多很好的點子；每個學校因為所在的地區、環境不同，能觸動孩子、適合帶他們去做的事可能也不一樣。但當同行的夥伴越來越多，從一個個孤立的小點逐漸連成線、連成面，出現越來越多不同面向的想法做法，就能給條件相近的學校借鑒，相互學習成長。

點亮計畫就像堅實的後盾，讓我們知道大家都還在這條路上，自己從不孤單。而身邊孩子們一點一滴的改變，自然也是一個老師堅持下去最好的動力。

我班上曾經有個「火爆浪子」，脾氣奇差。有次他下課後回到教室，竟然直接對我發脾氣。當時我好聲好氣問是誰惹到他，他卻大聲吼我：「難道妳不知道天氣很熱嗎！」我雖然莫名其妙，但還是先深呼吸，準備給他機會教育。

我跟他說：「天氣熱你應該要去找原因，而不是來跟我挑釁。」趁機告訴他溫室效應、地球暖化，以及人類的行為在過程中起了什麼影響。他聽著聽著，漸漸沉默了下來。接著我又找了骨瘦如柴的北極熊在垃圾桶裡找食物的影片給他看，讓他理解到，人類做的事，可能讓動物們承受著十倍百倍於我們的痛苦。後來他在聯絡簿上寫，如果他少吹一點冷氣，北極熊或許可以活久一點；甚至他還說，習慣了

於旗津風車公園淨灘。
（照片提供：駱蕾蕾）

其實也還好，他可以不吹冷氣。

看見孩子們真的把這些事放在心上，一點一點做出改變，真的是身為老師能得到的最好的回饋之一。我想我會在減塑這條路上不斷持續學習、一直走下去。如果問我有什麼願望？我只希望每個人都能知行合一，知道減塑的重要性，就馬上從自己開始做起。相信有越來越多人加入減塑，就有越來越多的力量和希望。

“成為改變環境的影響力”

王麗姿
高雄市
文府國小老師

四開圖畫紙上，由班上小朋友們合力繪製的大鯨魚神氣活現。這是我們班減塑活動的集點卡。孩子們每日、每日把自己認真執行的減塑行動換成貼紙或蓋章，比如自備便當盒去買早餐、自備環保餐具，沒有拿店家的免洗筷……這些溫柔的選擇，都會變成一張張的貼紙或圖章，填到大鯨魚身上。當一尾大鯨魚被填滿的那一刻，彷彿孩子們的每一個小小舉動，真的拯救了海洋生物，令人深受感動。孩子們渴望幫助更多生命、想做更

多好事的熱情也因此被激發。

這是 2017 年我們學校剛剛推行減塑時，我構思出來的「早餐減塑集點卡」。後來經校內老師建議，這項活動被納入聯絡簿中，成為能長期推動的日常實踐。因反應熱烈、執行容易，與參加「點亮台灣．點亮海洋」的各校師生們分享後，也獲得廣大迴響，成為減塑教育至今最主要的推廣行動之一。

減塑理念分享。（照片提供：王麗姿）

帶動全校一起來減塑

我投入減塑活動至今八年，回想起來，一切是從一次講座活動開始的。當時看到講師懇切地請大家關注環境議題，簡報上展示出那些因誤食塑膠、或被各種海洋廢棄物纏繞致死的生物時，我真的是嚇到了。

Tips

“思考如何減塑時也儲備了解決問題的能力，學會關注他人困難點，並給予協助的同理心。”

在那之前，我就是自備購物袋、水瓶，做好垃圾回收分類，不購買過度包裝的產品，並沒有太關注環保。我從來不知道，原來生活周遭許多事物都是環環相扣，海裡的魚、空中的鳥……，都直接或間接受到了影響。

身為老師，我一直很相信教育有改變世界的力量。當我決定要培養減塑的習慣時，我馬上就想到，要帶著孩子們一起來做。有更多人在生活中實踐減塑，學會關愛生命、親近自己所依存的環境，理念才能生根；當越來越多人認同，並將這份信念分享出去，才能真正落實改善環境的目的。

很幸運地，我提交的減塑課程計畫書，獲得校長的大力支持，

讓我得以在教師晨會和全校老師宣傳減塑理念。後續也邀請慈心基金會的義工來校，分年級舉辦減塑講座，加深孩子們的理解，逐漸建立起全校對於「大家一起來減塑」的認知。

減塑是習得解決問題的能力成為改變的力量

我想，減塑從來不是單向的知識灌輸，個人的思考及行動都非常重要。講座後，小朋友們紛紛驚訝於受塑膠危害的生物是如此苦痛時，我會把握機會帶著他們一起思考：動物受傷了，是什麼傷害了牠們？這些塑膠垃圾又是從哪來的？透過引導，他們理解到人類隨手一個無心的舉動，可能對環境影響甚鉅。有機會我還會帶他們實地考察，淨灘、淨山或淨街都可以，孩子們透過親眼所見，心中忍不住有所思索時，再一起來想：那麼接下來，我們要怎麼解決這些問題呢？

減塑活動剛開始時，「早餐減塑集點卡」的目的，是希望在孩子們的想法還不完整的時候，提供一些具體確實的檢核條目，讓他們在生活中練習減塑，最終內化成自己的生活習慣。

考慮到要長久推動，就不能只靠師長由上而下灌輸，同儕間的推動也很重要；同時也想藉此培養孩子們合作及主動解決問題的能力，於是在 2017 年開辦了「減塑小講師培訓營」。課程分為理念和實作兩部分，結訓以後小講師們可以得到證書，開始出任務。這些中高年級有興趣實踐減塑的孩子，因此成為在學生之間推廣理念的種子。

小講師的任務五花八門，至各班宣導、行動劇、闖關遊戲，甚至去附近向商家宣導等等。防疫期間因為不能公開集會，他們就認真思索要怎樣寫稿子，透過學校的廣播系統來宣導減塑。中年級的小講師，還會跑去遊說六年級的大哥哥大姊姊們舉辦「不塑畢旅」。雖然上台前他們都還是很緊張，不過多累積經驗後，大家逐漸培養出自信，也都能做得越來越好。

在社區宣導中，有些店家很堅持自己的 SOP，對去宣導的小講師們態度就不會很好。這時我們也會盡量回頭檢視，怎樣可以讓理念宣導更清楚明瞭，盡量不要造成商家的困擾。我們發現學校附近的許多商家都是一次性塑膠製品的來源，到了 2019 年，我們決定將附近具有環保意識的店家召集起來舉辦說明會，仔細說明「減塑友好商家」的實行辦法。當時募集了將近 35 家友好商店，我們製作了友好商家的集點卡，繪製了學校附近的「減塑友好商家地圖」。同時也會透過不定期拜訪來溝通彼此的想法，過年時互相問候，每個學期也會再邀請新的商家加入。希望這些商家都能長久持續下去，成為孩子們減塑的好夥伴。

上圖／不塑畢旅宣導。（照片提供：王麗姿）
右上／衛福部人員參訪學校，小講師宣導減塑理念。（照片提供：王麗姿）
右下／小講師入班宣導。（照片提供：王麗姿）

「點亮台灣 ‧ 點亮海洋」校園減塑計畫於 2018 年啟動，我們很幸運能在初期還不到 12 所學校參加計畫時，就已早早加入，將我們累積的減塑經驗分享給更多人，大家一步一腳印，匯集眾人的心力做一件大事，這真的很不簡單。

點亮計畫真實地喚起眾人對海洋及環境的重視，透過集點、實踐

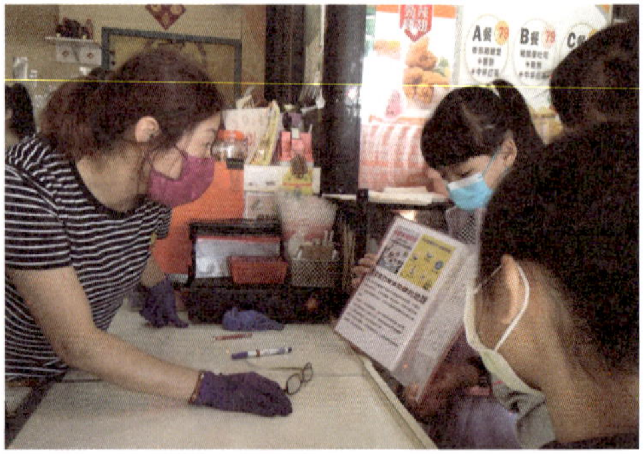

上左／減塑友好商家說明會。（照片提供：王麗姿）
上右／小講師拜訪減塑友好商家。（照片提供：王麗姿）
下圖／113年中區培力工作坊分享。（照片提供：王麗姿）

環保來減少塑膠汙染，點數感受直接，做法十分具體，數字成果清晰可見！當孩子們理解到自己也可以是改變環境的一分子，個人行為影響的也從來不只是自己，就開始能對自己生存的環境有責任感；而自備購物袋及環保餐具的習慣，亦是培養自律的生活習慣；而他們在思考如何減塑時，無形中也儲備了解決問題的能力，學會關注他人困難點，並給予協助的同理心。

有小講師在回饋中提到：「每次發現新的問題，總是既興奮又害怕。但如果能想出解決的辦法，又會覺得很棒！想要告訴自己，不要怕被難題困住。因為在解決問題的過程中，自己永遠都是收穫最多的人。」

減塑不忘心靈成長 從發揮自身影響力開始

回顧這八年來的減塑之路，我帶著孩子們不斷在往前衝，雖然收穫滿滿，但看似很擅長運用多種活動來主導課程學習的我，也曾一度迷失。當我設計出了減塑教案，我就很難不在乎那些集點的數字；當成長停滯時，我就會想，是不是應該要想新活動出來，才能帶給小朋友們更多新的刺激與動力？

不知何時開始，我已陷在那些數字的成長中，一個活動接一個活動，一味埋頭苦幹，沒有時間停下來總結或省思。某一天，我突然發現自己的初心已經變得好模糊，我甚至有點不太知道，我現在到底是要做什麼？

後來我看到最初啟發我投入減塑的講師所說的一段話：「如何在同樣的事情上，保持自己的探索、自己的求知、自己的發現、自己的靈動，然後不要把一件事情做成枯燥、沒感覺、麻木掉了，那我們的心靈也不會成長。」我才意識到：對啊，我是不是好久沒有從減塑教育中得到成長了？我期待自己從中收穫什麼？重新去思考後，我才慢慢停下腳步。

減塑這條路對我來說是很難得的修行，對孩子們來說當然也是。

有一個資深的小講師是資優班的學生，隨著年級升高，他的課業越來越繁重，小講師的練習占用他不少時間，因此爸媽一直希望他可以放棄當小講師。但他堅決不肯放棄，並十分認真地告訴爸媽：這是他的責任。他覺得當小講師雖然辛苦，但可以把很重要的觀念傳遞給更多人。爸媽知道他原來是如此慎重在對待這件事，嚇了一跳，最後便決定尊重孩子意願。

另一個減塑小講師來自中低收入戶，因為家境緣故，他的零用錢一直不多。畢旅時，媽媽給了他 100 元，而他用這筆錢買了一支環保吸管。他很高興地跟我說，這樣以後他就不用再拿那些塑膠吸管，也就減少很多動物被傷害。

孩子們用自己的方式把減塑

左圖／教育部第四屆學校環境教育實作競賽，以「文府減塑友好商店三部曲」榮獲第一名與年度影響力獎。（照片提供：王麗姿）
右圖／第六屆實作競賽以「袋袋相傳碳塑去」獲得第三名。（照片提供：王麗姿）

放在心上，成為生活中的一部分，我很高興見到他們都真的成為了減塑的小種子，一點一滴發揮自己的力量。對於推動減塑教育的未來願景，我希望能繼續開發、構思出更多適用於不同年齡層的教案及活動，建構一個更完善、更系統化的減塑方法論，讓照顧環境、關愛生命的理念能夠深植在孩子心中，乃至帶動家長、社區，鼓勵更多人參與減塑。大家一起在這條路上持續走下去，就能走得更遠、將守護環境的理念傳遞到更多地方。

“令群星閃耀的溫柔推手”

蔡麗繡｜大高雄區關懷員

早年我就知道塑膠對於人體的危害，於是有意識地在生活中實施減塑，經常自備環保餐具和購物袋。但那時更多是為了家人的健康，並不是為了環保。直到2016年參與了一場撼動人心的講座，我才發現，原來塑膠污染的影響這麼的廣大，包括海洋生物，魚類、海龜、海洋、地球……最終再回到人類身上，是一個巨大的連鎖效應。我感覺到減塑不僅僅是個人的事情，而是關乎到自然環境的所有生命。

於暑假期間舉辦的教師減塑培力工作坊高雄場全體義工合照，第2排左1為蔡麗繡。（照片提供：蔡麗繡）

那場演講之後，好多人的熱血被點燃了，就有了後來的「點亮台灣・點亮海洋」校園減塑計畫，從一間學校，到越來越多間學校；從北部，到中南部，再到全台灣，點亮了無數的星光。

當時我已經退休，沒有了衝在

Tips

在每位老師停滯或是跌倒的時候，
陪伴他們、關懷他們，
還有，接住他們。

第一線施展的機會，但我可以成為支持老師們背後的力量，便決定做點亮計畫的關懷員，負責高屏一帶的學校，隨著計畫的擴大，我所關懷的範圍甚至遠到台東、澎湖。

但在一開始，並沒有多少學校的參與，我關心計畫的發展，不可抑制地著急，「為什麼都沒有動靜？」、「到底有哪些人在推減塑？」其實後來回過頭看，那時高區有不少優秀的老師紛紛在各自的崗位上努力著，也帶動許多人共同參與，可是初期，這些投入水中的石子才剛剛泛起了漣漪，尚未凝聚成一股浪潮。

整合資源 燃起點點星光

「在這個時候我可以做些什麼呢？」我這麼問自己，然後，我那顆急躁的心便沉靜了下來。我相信一定有許多老師也認同、且願意加入，只是他們可能過於忙碌，或者是不清楚計畫內容、不知道怎麼去推行。如果我可以提供給這些老師資源，會不會就能幫助他們就動起來了呢？

那時我身兼福智文教基金會的高區教聯會會長，常常辦理活動，協助校園資源交流。我認為減塑也能夠比照辦理，於是我成立了一個上百人的 LINE 群組，將我上網蒐集的影音、文章等環保主題素材整理成一份 excel 表格，放到群組中供老師們下載運用。然後驚喜地發現，真的有老師因此展開了行動！

高屏地區在點亮計畫啟動的第二年就搭上了減塑的列車，12 所學校中，我們高雄就有三所！在我們高區有好幾位真的是充滿熱忱的超級推動者，像是王麗姿老師、駱蕾蕾老師、陳莉羚老師等等，都是扮演領頭羊的角色，她們的創意、行動和熱情帶來許多啟發，引領著整個高屏地區的學校一起行動。

可是隨著點亮計畫擴大，吸引越來越多學校、老師的參與，但始終站出來發表成果的，還是那幾位熟面孔。那其他老師呢？他們應當也有自己的想法和努力。於是我主動關心那些老師們，並邀請他們站出來分享推動減塑課堂的經驗，可老師們都很客氣地推辭：「我其實沒做什麼。」

怎麼會呢？在聊天的過程中，我已經知道老師們默默地做了不少事，或許不像駱蕾蕾老師、王麗姿老師等光芒萬丈，但也不會是「沒做什麼事」。我就想，我要怎麼鼓勵這些老師，讓他們知道他們做的事是多麼有價值，對學生影響深遠。

我就在點亮計畫每年於暑期所舉辦的「教師減塑培力工作坊」講師安排上，做了一些調整。過去是一位老師負責整堂課的分享，這次讓不同學程都安排三、四位講師共同承擔一堂課，所以一位講師只要分享 15 分鐘就好，減少講師的壓力，又能呈現他們在校園推動減塑的用心與努力，鼓勵了自己，也讓來參與的老師們觀摩到更多不同的推動方式。

這些老師都不是明星老師，他們一開始怯怯的，但經由整理曾經做過的事，他們發現，「啊，我原來做了這麼多。」台下的老師也在聆聽過程中，發現彼此的共通點，即使只是按照點亮計畫提供的教案進行推廣，也是為了地球盡力付出自己的力量，這些安靜卻又謙虛的執行者，終於看到自己的亮點。

推廣減塑這件事，有想法、有創意的老師很重要，他們率先發

2023教師減塑培力工作坊，第2排左5為蔡麗綿。（照片提供：蔡麗綿）

聲，就像一顆璀璨的太陽，引發眾人的熱情和關注；但其他願意一起行動的老師也很重要，就算只是做了一點點，這麼多的老師，這麼多的「一點點」，累積起來是多麼大的力量！

「你的這一點點非常不容易！」我總是這樣告訴老師們，謝謝老師們勇敢地跨出來，讓點亮計畫燃起一點又一點的星光。

大多時候，我是一個旁觀的角色，但我好慶幸我能夠看著老師一個個煥發出自己的光芒，並且在適當時候，給予他們支持。

放下急求成果的心 關懷老師們的成長

我彷彿在看著老師們成長，也因如此，我才體會到，每一個人都可能發揮令人意想不到的力量。像是八卦國小的陳莉羚老師，最初在學校裡只有她一個人願意推減塑，等到減塑開始施行後又換了校長，新校長有其他更想執行的活動，並沒有積極地支持莉羚老師的減塑推動。但莉羚老師不放棄，不過兩年，她又再次號召全校跟著她一起做環保，校長受其感動，改以全力支持。又比如中崙國小的張麗真老師，為了帶動校園減塑竟然義無反顧地接下了主任的行政工作……

與其說是我在關懷這些老師們，不如說我們是彼此激勵，我常常從他們的身上得到很大的鼓舞，是他們讓我相信，我們真的在做一件很了不起的事，不只是關於環境，還有關於教育。

漸漸地，我感覺自己也有所轉變，我從那個很急著要看到成果的人，變成一個真正的「關懷員」。比起拚命丟東西給老師，關心老師的進度，後來的我能夠看到每位老師的亮點，尊重每位老師的腳步，每個人走路有快有慢，時間到了，自然會發光。

我所能做的，就是在每位老師停滯或是跌倒的時候，陪伴他們、關懷他們，還有，接住他們。

但接住不是只靠我一個人，我沒有那麼厲害。若說我在點亮計畫裡做得最好的，就是讓高區的每一位老師的聲音都能被聽見。因此我們每個人，包括老師、包括關懷員，我們都能做彼此的支撐，彼此的關懷者。

莉羚老師遭遇新校長暫緩減塑教育課程時，雖然不曾想過放棄，心情低落卻是在所難免。那時候，我常常和莉羚老師聊天，我沒有多說什麼，只是靜靜地聽她講，然後和她述說其他老師的故事，讓她知道，沒關係，只是妳在這間學校暫停一下而已，可是我們沒有停下來，我們好多好多人都帶著妳的精神往前走。

bb到八卦國小快閃，左2為蔡麗繡。（照片提供：蔡麗繡）

莉羚老師本來就是心力非常強大的人，迅速又繼續向前衝刺，她曾和我道謝，謝謝我陪伴她走過最低潮的時刻。但我清楚，是好多好多人的努力，成為彼此的力量，才使我們不畏艱難。

「一個人走一百步，不如一百個人走一步。」在推廣減塑這件事情上，這句話就是我們的核心宗旨。

我過去長年在校園裡推廣生命教育，退休後又投入點亮計畫，認真去想，其實減塑的理念也是生命教育的一環。從前，我面對的可能是有問題的班級、罹患憂鬱症的學生，他們生命的困難是顯而易見浮在檯面上的，因此當我能夠扭轉他們人生的方向，取得的成就感是無與倫比的。

而現在，點亮計畫再次帶給我這種感動。我從關注個人的生命，到關注整個地球的生命。我們的生活中太習慣有塑膠了！要做到全民減塑到淨塑，只有教育能夠做到，將對海洋生物的同理心帶給孩子，將對周遭環境的觀察力教給孩子，將對每一個生命的尊重傳給孩子。

改變很慢沒關係，一點點、一點點，我們終究會匯聚成一片耀眼的星海。

Chapter 3

行動家

締造綠色未來

實踐校園減塑的推手，

與同校的教育工作夥伴們攜手合作，

推動校內減塑革命，用熱情將理念化為行動，

讓環保不再是口號。

“微小的善，串起生命的不一樣”

溫偉柔｜新竹縣 竹北國中老師

「要一起買嗎？那我出發囉！」中午時分，同事們陸續外出買午餐，一位老師拿出了她的「鍋具」詢問著，眼尖的同仁發現後，忍不住笑了起來：「妳要拿這個去裝唷？」原來是這位老師，曾經自備鍋具去購買餐點，因此獲得老闆額外提供的分量，令眾人驚嘆。這樣的情景對旁人而言，可能是生活中的插曲；但於我而言，卻是意義非凡。

本校施行減塑課程行之多年，圖為112學年度綜合領域七年級任課教師之授動合影。（照片提供：溫偉柔）

我的減塑新生活

其實，我對於「減塑」一直都沒有實質概念，直到2016年，參加了一場講座，才知道塑膠在現今生活有多麼氾濫、對全球生態環境造成多麼嚴重的傷害，震驚之餘，我也開始思考自己能在生活中做哪些改變？

我發現自己過去有多麼依賴使用塑膠及一次性製品，生活便利

Tips

「減塑教育其實也是生命教育，哪怕只有微小的力量，也會因為你的一點不一樣，而生命轉了不同方向。」

的同時，卻製造了那麼多隱藏的危機，於是我開始環保餐具、杯子、袋子不離身，以便隨時因應購物需求。雖然新的減塑習慣並「不多」，經年累月累積下來，減少使用的塑膠量也相當可觀。

我也鼓勵周遭的人加入我的行列，但這件事並不簡單，尤其我的媽媽已經很習慣使用塑膠製品，上一趟菜市場就累積了不少塑膠袋，她覺得減塑很麻煩、沒有必要，還會不耐煩地反駁：「一個袋子又沒有多少錢！」

「這不是錢的問題啦。」面對媽媽的抗拒，我盡量耐下性子跟她說明：「少用塑膠，除了環境問題，同時也是為自己身體好呀！尤其買熱食都用塑膠袋或是紙容器，遇熱

寫回饋給努力集點的學生，申請海龜圖案製作獎勵品。（照片提供：溫偉柔）

就容易有塑化劑，自己帶餐盒就可以避免這樣的憂慮。」

我長年循循善誘之下，媽媽終於有點動搖，家裡的餐食改用保鮮盒裝，減少許多保鮮膜。雖然只是很微小的調整，但也開啟了家庭共同減塑的氛圍。

透過教育讓減塑深植於心

減塑習慣上軌道後，我持續想著怎麼樣能夠讓更多人一起來減塑，將影響力拓展出去？即使是一點點的改變匯集起來，也能形成龐大的力量。

起初慈心基金會尚未以團隊

上圖／藉由圖書館主題週，分享環境議題專書，鼓勵同學於下課時間至圖書館借閱書籍、聆聽導讀，並參與專書議題探討。（照片提供：溫偉柔）

下圖／每年校內針對八年級學生舉辦「生活達人闖關活動」，培養學生生活情境問題解決能力。其中一個關卡「台灣鯨讚」，引導學生看到世界各地的鯨魚因誤食塑膠而死亡的報導，藉此喚起學生的關注與同理。（照片提供：溫偉柔）

的方式推動減塑，當時我兼任衛生組長，對於垃圾需從源頭減量很有感受，特地從新竹到台北聆聽慈心舉辦的工作坊，雖然是以幼兒園、國小端為主要說明對象，但擔任國中教師的我，非常想學習在校園內推動減塑教育的方法。回校後，跟同事分享這個全球關注的議題，試想著從課程內容落實減塑教育的可能，讓我很驚喜的是，有位老師在討論後，主動提出合作意願，願意在專業領域中投入課程研發與教師共同備課，於是我們決定從七年級的綜合課著手。我們推出過海洋小書創作、海洋議題影片公播討論等等活動，甚至從七年級新生訓練時就開始宣導如何落實減塑知識。

關於減塑集點，我們最初是希

望學生將自己在生活中實踐的環保行動拍照、上傳 Google 表單，然而這麼做的迴響並不大，拿到手機的學生們，注意力往往不在此處。經過我們多年滾動式調整，改採用「點亮台灣．點亮海洋」計畫的減塑集點卡，讓學生們在校園日常中隨手記錄更有實感。

隨著減塑課程的推進，陸續有更多老師加入，一起在教育現場引導學生深入理解環保議題，透過討論問答、影片探討，或是實際模擬，讓學生體會海洋生物被塑膠困住的感受。過程中，也積極帶學生去反思、同理海洋生物受塑膠危害的痛苦，並思索自身也能輕易做到的減塑行動。

校內團隊自行推動減塑教育四年，於 2020 年加入「點亮台灣．點亮海洋」校園減塑計畫，得到很多支援！不僅提供我們集點卡、減塑知識的圖文海報、獎勵品等等，還會分區關懷，使各校老師們能彼此分享教案與經驗；點亮計畫的網站記錄了全台參與學校的歷年成果，回顧自己努力過程的同時，也能看到其他學校的付出，就像是我們共同走上一趟意義非凡的旅途！令人感動的是這一群人很純粹、真摯地為減塑教育奉獻心力，而且正向積極、遇難不退。

減塑讓我學習到尊重他人的意願和感受，比方在課堂上，雖然我們很熱情地鼓勵學生，但難免會遇到他們興致缺缺的狀況，這時我會

提醒自己，不要氣餒，而是從學生的角度去思考：他現階段要執行減塑，可能會面臨的困難是什麼？我們從不強迫尚未有意願的學生，畢竟減塑是一種新的生活習慣，需要時間養成，身為教師，持續給予學生正確的觀念，種下種子，相信來日機緣成熟時，也會加入減塑的行列。

慢慢堆疊
聚沙成塔的影響力

偶爾聽到學生們分享用自己的環保杯買飲料的樂趣，也有學生說，看完海龜受傷的影片，他不想再用塑膠吸管了，如果忘記帶環保吸管，寧可將杯口撕開來喝；同事們也有些轉變，例如有些老師，過去習慣一天一杯超商咖啡，現在會自備容器去買；還有老師用麻繩或綿線編織各式提袋，甚至主動分享他們的減塑妙方，這些一點一滴的改變，不都是聚沙成塔的力量嗎？

最讓我感動的，是學生的成長與反饋，曾經有一個學生在減塑心得寫道：「如果每一個人都做到了減塑，這個環境問題就不是一個問題，正因很多人不知道要怎麼做，所以它現在才是問題。」這段論述讓我很驚訝，除了看見小小年紀不一般的反思能力外，也與我的理念不謀而合。

透過一系列的環境課程，我

得以看到學生的另一面，有些學生平常可能課業表現不甚理想，但是寫起減塑實踐心得卻是那麼真誠用心，從字裡行間，可以看見他對於自身生命與其他生命交會時的感觸。越來越多學生不僅自己實踐減塑，還會邀請家長參與，這些回饋都讓我更加深持續推廣減塑的動力，讓更多人知道可以怎麼做，汙染問題也能隨之消弭大半！

推行減塑教育至今，我深刻地感受到「我已不再是一個人」。尤其加入點亮計畫後，看到更多教育夥伴的熱忱，不再孤單之餘，我也受到激勵、啟發。減塑教育其實也是生命教育，哪怕只有微小的力量，也會因為你的一點不一樣，而生命轉了不同方向；當善的循環不斷累積，將帶來驚人的改變，讓微小的善，串起生命的不一樣。

有一位毅力十足的同學因為減塑集點非常積極，收集到五張不同海洋生物款式的集點卡，同學們紛紛效學他，最後成為全校第一個全班都集滿五張集點卡的班級。（照片提供：溫偉柔）

“跑一場永不止步的減塑馬拉松”

黃俊傑｜台中市僑孝國小老師

我來自台灣的鄉間，從小便與田野山林為伴，也讓我對自己生長的這片土地，有一種濃厚的情感。或許正因為這份情感，讓我自小就特別容易注意到，像我一樣注重周遭環境的人並不多；加上國中時，我的學校對面就是工廠，幾乎一年到頭都在排放廢氣，本該純淨的空氣變成了惡臭連連，難以忍受之餘，我不禁產生一個疑問：「應該要好好保護我們所居住的環境，不是嗎？」現在回想起來，當時我已經具有保護環境的使命感。

Tips

“教育的目標不只是成績，更是培養健全、有思辨力、有責任感的下一代。”

啟動深植人心的減塑行動

隨著我長大、投身教職，也想著如何運用自己為人師的影響力，讓孩子們學習愛護自己生長的土地。因緣際會下，我參加一場慈心舉辦的講座，整場活動幾乎都是「無塑」進行，連午餐餐具都是可回收再使用的。這場講座讓我對環保教育有了新的靈感：或許，我們可將減塑概念融入教學和校園生活，培養學生新的「塑養」。

不論是社會上還是學校裡的減塑行動，大多都是單次或短期的，要真的深植下一代環保觀念，必須長期地規劃與推動，讓孩子們不僅是透過教學、更在生活中一點一滴養成環保減塑的習慣。

剛好僑孝國小有參與「三好

帶著孩子在校園「追查角落怪塑」，守護環境、落實回收。（照片提供：黃俊傑）

校園」的實踐計畫，以「做好事、說好話、存好心」的目標來推動品德教育。三好校園執行到到第五年時，校長拋出了問題：「難道我們的三好活動就只能這樣嗎？有沒有辦法配合別的活動？」我注意到慈心推廣的「點亮台灣・點亮海洋」計畫是很好的切入點，「減塑」與「三好」結合，不也是為地球做好事嗎？與衛生組長討論後，我們決定加入點亮計畫，並在校園中展開「減塑馬拉松」，號召全校師生一同投入減塑行動。

以堅持減塑的馬拉松精神，培養健全人格的下一代

「減塑馬拉松」的行動內容其實很簡單，就是從自身生活做起；例如將水杯改為環保杯、自帶購物袋、吃飯時改用環保餐具與餐盒等等，一點一滴慢慢調整。對於這個活動，我很有信心、也充滿熱忱，

卻沒想到「減塑馬拉松」開跑後，學生大多興趣缺缺，家長的反應也很冷淡，「你跟孩子說就好了，我才沒空。」諸如此類的聲音，的確讓我有點氣餒、也感到有點孤單。

其實現在的教育早不再是以升學為唯一導向，而是朝向「素養導向」的方式前進。我認為，真正的挑戰在於如何改變家長的觀念——要他們放下對分數的迷思，這才是最難的部分。此時我想起點亮計畫的成員們，想必也有過挫折的時候吧？但他們仍不放棄、持續堅持減塑行動，那種對環境保護的危機感、純粹的疼惜與毫無保留的付出、彼此相互的打氣與支持，不都是當初感動我的契機嗎？再說，萬事起頭難是再正常不過的事了，不畏辛苦、堅持到底，正是「馬拉松」的精神！想到這裡，我彷彿被注入一股力量，重新燃起信心，決定堅持下去。

我仍然持續在校園內推廣「減塑馬拉松」，為了鼓勵孩子們，我利用每周朝會向全校布達消息的時間，一併公布本周各班級的減塑成果，哪一班減少幾個塑膠製品的使用、哪一班使用了幾次環保餐具，一一給予褒揚，讓一點一滴的微小努力，化為真實可見的數據。我想，透過正向回饋、實際數字的累積，會讓大家更有感、也更有信心，果然日子一天天過去，孩子們參與的意願越來越高，越來越投入「減塑馬拉松」了。

從下一代的教育做起，是我覺得最好的做法，即使家長起初不願配合，但我秉持著「我沒辦法影響你，但是我可以影響你的孩子」的想法。學生會回家分享校園的減塑行動、自己做了什麼，漸漸地也沒有反對的聲音了。學生開始陸續回報，回到家後也會跟著家人一起減塑做環保，家長們也樂見其成，有些家長不但在日常生活中實踐，更和孩子一起參加各種環保活動。

慕桓是我們僑孝的學生，當時還是二年級的他經常跟著爸媽去淨溪，且不是偶一為之，一個月去到兩三次！後來學校推廣減塑，他更認真力行環保行動，就連去速食店也會自備餐盤、鐵碗跟購物袋，努力減少資源浪費，令人刮目相看。我曾經問他為什麼願意這樣做？慕桓說:「地球的資源如果浪費光了，那我們以後要用什麼？我希望大家都能夠做到盡量不要把垃圾留在外頭，要進行資源回收，要避免浪費塑膠袋，也希望大家一起做！」孩子的認真讓我深受觸動，也更加相信，教育下一代環保思維和生活習慣，絕對有著深遠的影響力。

當然，這幾年推動下來，還是有家長無法完全接受，但我也觀察到越來越多人開始理解：唯有從素養、公民等議題出發，孩子才能逐步建立起完整的人格與價值觀。這樣的理解雖然來得慢，但終究正在發生。像這樣以推動減塑教育來培養孩子素養的行動，最難的其實就是如何讓家長們真正相信，教育的

目標不只是成績，更是培養健全、有思辨力、有責任感的下一代。

從質疑到同行 教育現場的改變正在發生

在全校師生越來越熱衷「減塑馬拉松」之下，減塑生活的風氣漸旺，截至目前為止的統計，全校已減少使用 5,163 個塑膠袋，這個成績讓大家都非常振奮，也讓我們進一步去想，是不是可以再觸類旁通，發展更多環保行動的可能性？減塑分為 Recycle 跟 Reduce，一方面從源頭減少垃圾，另一方面，原有的塑膠品如何再推廣運用呢？

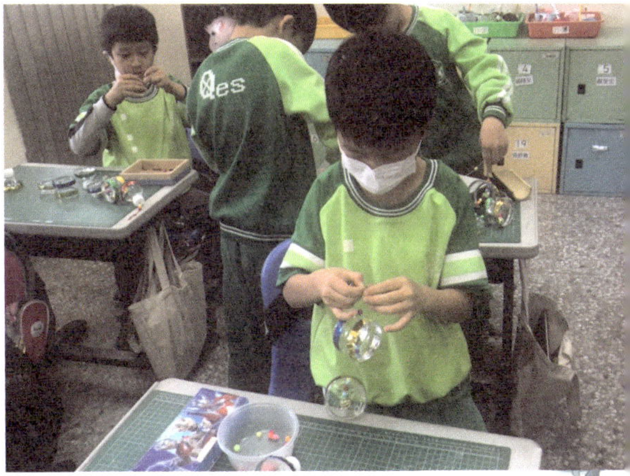

左圖／「減塑馬拉松」於每周朝會上呈現減塑成果。（照片提供：黃俊傑）
右圖／孩子們利用廢棄寶特瓶重新製作成風鈴。（照片提供：黃俊傑）

集思廣益下，我們決定賦予它們新的「生命」，將五顏六色的寶特瓶重新創作，巧妙利用瓶身構造再製成風鈴，在校園內繽紛綻放。

我很清楚，只是一時興起或跟流行的減塑行動，意義並不大、也難以持久，最重要的，是讓參與者深刻體會到環保行動帶來的正面效應，讓他們願意發自內心參加，從自身生活逐步、深入地調整，真正養成環保習慣，才有可能達到深遠的影響。

左圖／海洋保衛隊隊長bb頒獎給獲得海洋之星的孩子們。（照片提供：黃俊傑）
右圖／一人一支夾子與水桶，減塑行動立即實踐。（照片提供：黃俊傑）

從教育者的角度來看，推動環保教育的確常有孤掌難鳴之感。雖然許多老師對減塑理念並不陌生，也抱持認同，但當我提出要將減塑教育融入課程時，卻常遇到遲疑的反應。老師們不確定這樣的課程是否真能如我所期，培養孩子們的環保素養，並轉化為日常習慣；再加上平時備課與行政工作的壓力，本就不輕，初期的響應相當有限。

我相信老師們並非不願意參與，而是心中尚有疑慮，如果以強硬的態度要求參與，只會適得其反。所以我都是用邀請的方式，讓老師們知道：「學校正在推這項活動，歡迎參考看看。」當有人提出疑問，我也耐心溝通說明：「先試試看，如果成效不如預期，我們可以再一起修正、調整；若老師有更好的做法，也非常歡迎提出。」就這樣，雖然步伐不大，但成效漸漸浮現。有些一開始沒有參與的老師，看到學生在班上自發地實踐減塑，心態開始轉變；隨著「減塑馬拉松」逐步見效，老師們的疑慮也逐漸消除，開始對活動產生信心。慢慢地，越來越多老師願意投入推動行列。即便參與程度不一，但在我眼中，這已是難得的進步。

我深刻體會到：許多教育者其實都願意為環保努力，只要有人站出來號召、鼓舞，就會有越來越多人選擇同行。教育無他，唯愛與榜樣，當生命不斷影響生命，不論是我們本身、還是身處的環境、甚至是共同的未來，必將越來越好。

“減塑教育
是用心感動另一顆心”

「豆皮在盒子裡、菜籃裡有兩種蔬菜、這個環保袋裝丸子、湯底在大鍋子裡……」我在辦公室清點期末火鍋聯歡會的食材，桌上堆滿了鍋碗瓢盆和可水洗重複利用的環保袋。

「培嘉老師，看妳每次幫班上學生準備食物，都搞得大包小包的，不麻煩嗎？」同事看到我在大冬天還忙得滿頭大汗，忍不住問。「上學期妳還因為盒子沒蓋好，食材的湯汁把購物袋都弄濕了。不只

班上代表學校參加全市樂樂棒球比賽，自備保鮮盒裝水果及餅乾隨時補充水分及體力。（照片提供：徐培嘉）

要洗環保容器，還要洗袋子，想到我就很頭痛。」

「直接用塑膠袋裝的確方便很多，更方便的是直接網購食材送到學校，動動手指就可以了。」我苦笑承認，減塑生活必須付出更多時間精力。

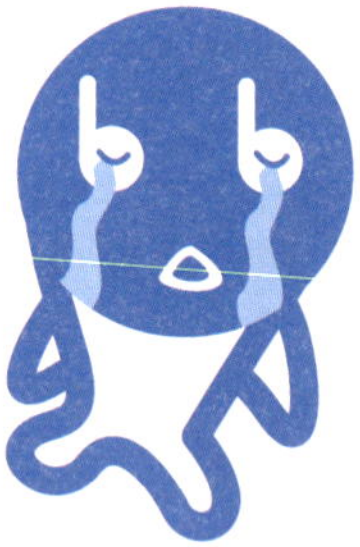

利用朝會升旗時間對全校師生宣導減塑方法。（照片提供：徐培嘉）

「但我算一算，外帶一份火鍋，光是裝食材、裝醬料的小塑膠袋，就超過十個，加上免洗筷、免洗湯匙，一頓飯吃下來，為了自己的方便、省時，我們製造了多少垃圾？」

同樣的話，我講給同事聽，也講給班上學生聽。

透過一次次身體力行的減塑行動，我完全能夠理解，為什麼有些人會排斥減塑生活，甚至酸言酸語說我們是「環保魔人」。

從知道到實踐

環保、環境永續、海洋垃圾等議題，我從學生時代就知道，但從「知道」到「開始行動」，中間隔了十多年。

踏上減塑之路的契機，是2016年一場深入人心的講座。

看著講師分享一張張動物被海洋垃圾傷害的照片——胃裡都是塑膠袋的信天翁、長長的塑膠吸管從海龜的鼻孔直插入軀體……衝擊性的影像讓我淚流滿面，我在心裡自問：「怎麼會這樣？生活中好像很方便、很習慣的東西，卻對其他生命造成這麼大的影響？」

那一刻觸動我的，不只是講師的呼籲，不只是關愛動物的悲心，更是我們人類不經意的行為，對地球環境帶來的衝擊。

從此，我開始實踐減塑，從我個人到家庭，再推行到我任教的班級，擴及到整個校園，後來更加入了「點亮台灣・點亮海洋」校園減塑計畫，與眾多志同道合者，攜

手做環保。

因為意識到塑膠的危害後，我的「減塑雷達」立刻啟動——原本習以為常的午餐餐具防油紙袋，以及裝水果的塑膠袋，全部都是塑膠！我以前竟然沒意識到！

「你們知道我們每天使用的塑膠袋，最後都變成海洋垃圾，殺死多少魚、多少海龜、多少生物嗎？」那些動物受苦的畫面，深深烙印在我腦海中，我急切想讓身邊的人們意識到塑膠製品的危害，我已經蹉跎十幾年，搶救地球環境，不能再等了！

但這樣急迫的語氣和態度，反倒成為我推廣行動的阻礙。

我想讓一次性的塑膠製品快速從營養午餐系統中消失，我馬不停蹄去找各處室同仁談，總務處、學務處、午餐辦公室……都一一拜訪，也和家長們談我的理想，一切看似都打點好了，只要啟動，營養午餐就不會再用塑膠袋了！

就在我懷抱著減塑行動即將邁出一大步時，校長私下約我談話，告訴我其實校內有反對的聲音，「只是沒有傳到妳這邊」。

原來不是每個人都能接受減塑？我為了愛地球而做的努力，難道錯了嗎？

校長看出我的低落心情，給出了溫暖的安慰。「徐老師，有一句

話叫『事緩則圓』，不要急，妳一定能慢慢想到更好的、大家都能接受的辦法。」

我靜下心來，從校長說的話反思我推動減塑的「理直氣壯」。

使用塑膠袋裝營養午餐，在我們學校行之有年，要從根本改變一個習慣，本身就不是一件容易的事。而且不只是午餐廠商、校方，學生和家長也需要多付出心力配合改變。

左圖／享用美味的麥當勞也能不製造一次性的塑膠垃圾。（照片提供：徐培嘉）
右圖／「無塑麥當勞」事先規劃並將盛裝器皿送到麥當勞。（照片提供：徐培嘉）

教師減塑培力工作坊（竹區場）。（照片提供：徐培嘉）

Tips

“身為推動者，
需要的是耐心，並且保持彈性。”

而身為推動者，我需要的是耐心，並且保持彈性。

我體認到不是每個人都像我一樣有全力執行的決心，別人開始做，但有時做得不盡完美的時候，我得提醒自己保持心情平靜，忍住去質問的衝動。

於是我先從午餐餐具袋的改變做起，將防油紙袋換成可清洗、可重複使用的束口袋。在過程中，我也在教師晨會和同仁宣導。幾次之後，原本反對的同事發現，這一項改變其實沒有帶來太多不便，反對的聲浪逐漸平息。

又過了半年，我再推裝水果的塑膠袋換成可重複洗、曬的環保袋。某些難以用環保袋裝的水果，例如草莓，或是切片西瓜，我也保留使用塑膠盒的空間，不再堅持要

全面更換。

當我換位思考，嘗試去了解「為什麼對他而言，這件事這麼困難？」，困難點就會浮現——可能是家長、老師們擔心的食品衛生問題？可能是廠商分裝、運送等流程須調整配合？可能是……？將這些困難點一個個解決，就像去除田裡的一根根雜草，減塑理念，終於在整理好的沃土裡發芽！

做了才知道有多難

在學校推行每一個減塑計畫，我都一定先從自己做起，做了才知道難在哪裡！

我在各年級的暑假作業裡設計減塑學習單，裡面有一題：「減塑你覺得最困難的地方是什麼？」最多學生回答的就是「麻煩」，第二多的是「會忘記」。

「其實……老師也覺得很麻煩，而且我有時候也會忘記。」我微微皺眉苦笑，台下學生哄堂大笑。我從隨身包包拿出環保杯：「我都用我的這個杯子去買我最愛喝的珍珠奶茶」學生問：「那妳怎麼吸珍珠？」飲料店店員有時候也會問，我都一樣回答：「用湯匙就可以直接吃到，為什麼一定要用吸管呢？」

多洗一次杯子、少拿一次吸管、多洗一次湯匙，可能就能拯救

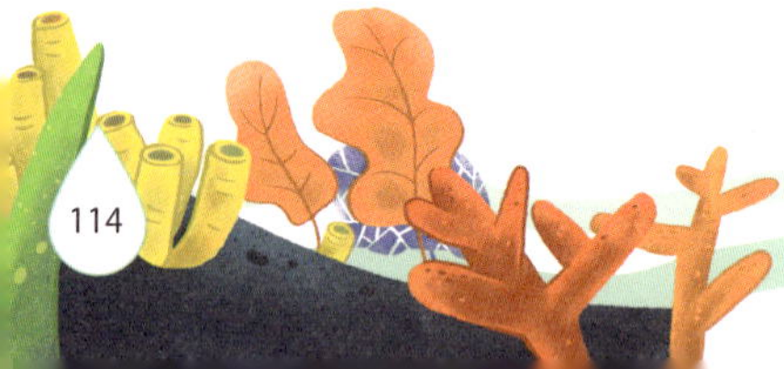

帶學生到學校對面淨公園，垃圾都藏在草叢裡。（照片提供：徐培嘉）

多一隻生物的生命。只是多幾個步驟，你願意嗎？

我和學生分享，有時老師忘記帶環保杯，或是有些店家不能使用環保杯，「所以只好忍痛不喝了」，學生們也露出和我當時一樣惋惜的表情。

從設計學習單到日常分享，我

營養午餐改用可重複洗曬的餐具束口袋及水果環保袋。（照片提供：徐培嘉）

早期鎮平國小每班裝餐具的防油紙袋及裝水果的塑膠袋。（照片提供：徐培嘉）

讓減塑的觀念逐漸自然地充滿學生的校園生活，而不是透過強制讓他們一定要做。

有一天，高年級的少廷跑來找我。他神神祕祕拿著水壺問：「老師，妳知道這裡面是什麼嗎？」我還沒猜，他馬上驕傲地公布答案：「是豆漿喔！」我問他：「豆漿裝在水壺裡，不怕臭嗎？」「洗一洗就好啦！」少廷的回答聽起來多麼熟悉，因為這句話，就是我說過的！

少廷平常是個火爆浪子，常發脾氣，學業成績總是平平。但他很積極參加減塑活動，不只是自備水壺，他還會提醒媽媽也要用環保杯。我問他為什麼喜歡減塑？他說：「因為很酷！很帥！我想和老師一樣拯救環境！而且，這比讀書簡單多了。」他不好意思地越說越小聲。「少廷，你很棒！」我給這位大男孩一個肯定的眼神，對於少廷的改變，我既驚喜又感動，減塑種子慢慢開花結果了。

曾經有老師問我：如何讓學生接受減塑，並進一步推動他們真的動手做？我的答案很簡單：「讓學生有感覺。」我從自身經驗，深深體會到「有感覺」，是行動的第一步。同樣地，讓學生有感覺，才會觸動他們的心，才會去行動。

設計有趣的體驗活動，讓學生覺得好玩就會想要繼續參加：低年級的孩子，帶領他們角色扮演，裝

上龜殼變成海龜，教室變成海底世界，但游著游著肚子餓了，狼吞虎嚥之際，「哎呀！好痛！」一根尖銳的塑膠吸管，刺進了喉嚨。「海龜受了傷，我們能做些什麼不讓更多海龜痛痛？」

中高年級的學生，需要的更是實際去看見、去觸摸，因此不只透過角色扮演，我還會帶他們去淨山、淨公園，實際感受人類製造了多少垃圾。

學生們一開始總是有點卻步：「我們去走步道還要撿垃圾喔？這樣子路人會不會對我們指指點點？」我也總是這樣對他們說:「如果自己一個人，即便是我也不太敢，但我們是一群人，一整個班，一群人為環境付出，是一件美好的事，路人可能還會對你比讚呢！」

一回生二回熟，被我分成小組的學生們，熟練地分工，一個眼觀四面找垃圾、一個眼明手快夾起來、一個立刻拿水桶來裝，彷彿遊戲一般，越撿越起勁。「我們這組今天在樹叢撿到好幾個寶特瓶！」、「老師老師，你看我們今天的成果！」孩子們臉上的笑容，和額頭上的汗珠一樣閃閃發亮。只要淨一次，學生的「減塑魂」，至少一個學期跑不掉！

傳遞心與心之間的感動

在和其他老師交流時，有一句話我印象很深刻：「教育是用一顆心，感動另外一顆心。」被感動的我，從帶學生實踐減塑，感動學生，學生再將感動帶回家，傳遞給家長。

有一年暑假，我給五年級學生出了一項作業——挑戰自己。挑戰的長度、難度，由學生自己決定。我對他們透露：「你們知道培嘉老師很愛喝飲料吧？我給自己的挑戰是，一個月不喝手搖飲！」

開學後，耀云來找我：「老師，我成功了！我們家一整個月都沒有叫外送！」當時還在疫情期間，耀云媽媽又常忙於工作，是耀云說服爸爸在家煮飯，減少外送造成的塑膠垃圾。孩子們的執行力令我佩服，而且看到孩子這麼投入，因而配合的家長，我也心懷感激。這些被我植入「減塑魂」的孩子們，你們真的好棒！

多年前被點亮的我，發心去點亮學生、點亮校園，而透過點亮計畫團隊的串連，讓我知道自己並不孤單，彷彿看到一艘艘在夜色中發著光的船，彼此陪伴，並且將這個光，一間間教室，一戶戶家庭，傳遞下去，點亮更多人減塑的心。

“一起成為守護環境的好朋友”

蕭淑美 | 台南市 新泰國小護理師

每個小學的健康中心裡，都有位護理人員，學童們在開學時量身高、體重、視力時見到她，萬一受傷、身體不適也得找她報到，沒錯我就是那位在校園中關心孩子們視力保健、口腔衛生與身體健康，守護師生們的護士阿姨。我沒有帶班級也不授課，卻能夠在全校負責推動減塑活動，到現在八年了，回想起來連我自己也覺得非常不可思議！

護理師的減塑推行之路

一切要回溯到2016年。那時，我因為自身注重健康認識到有機農業，連帶注意到環保議題，開始會隨身攜帶環保餐具，但有時沒做到也就隨緣。在一場活動中，我得知塑膠製品對地球生物造成莫大的傷害，特別是鳥媽媽將塑膠垃圾誤當成食物，帶回巢中餵給寶寶，讓小鳥們來不及長大，我十分地難過。同樣身為人母，我很清楚母親對孩子的呵護與愛是多麼的強烈純粹，那樣的悲劇令我震撼，也忍不住要思索：我能做些什麼？也就是在那個寒假，我頭一次生出想在學校推行減塑的念頭。

上圖／帶著學童建立減塑理念。（照片提供：蕭淑美）

下圖／減塑小講師們在班親會上宣導環保議題。（照片提供：蕭淑美）

Tips

> 先做人再做事，踏出去和大家交朋友，
> 分享的好理念，
> 才有更多人願意認真聆聽、放在心上，
> 這就是「減塑交朋友」。

當然，我很清楚，身為學校行政人員，沒有帶班，想要推動這樣的概念，一定要取得大家的共識，才有可能一起走下去。我試著把減塑的概念融入學校原本就在推動的環境教育、三好校園、生命教育及能源教育等課程，希望不增加導師們額外的負擔，又可以讓原有的活動更具意義，爭取大家的支持。很幸運地，計畫得到校長及主任的認可，就這樣在 2016 年 4 月，我的減塑推行之路生澀地展開了。

一開始我請了專業講師來為學校老師演講，在老師們都有些基本概念與共識後，才和他們分享推行校園減塑一事；並且自行製作教案，到各年級去宣講。最初的校園

減塑行動是：我請每班推派一個減塑小天使，讓他們每天早上在班上調查同學早餐使用的一次性塑膠的數量：每日點數計算，鼓勵他們減少塑膠袋、塑膠杯、塑膠餐盒、塑膠吸管等等一次性製品的使用。

我躊躇滿志設計減塑集點卡，可惜回收率並不高，後來「點亮台灣 ・ 點亮海洋」校園減塑計畫於 2018 年誕生，我加入五人的小團隊，不僅獲得很漂亮的海洋生物減塑集點卡，成員創新的想法也源源不絕，還有許多接地氣的教案資源，並且串聯許多校園，一起分享推動減塑心得與經驗，不管有任何問題，我們都能互相支援！如此一來，校園減塑活動更易推行，有志工幫忙計算集點卡點數，老師們也都樂觀其成。

此外，我招募對環保有興趣的孩子們成為「減塑小講師」，無論來報名的孩子條件如何，只要他們想要為地球、為環境多盡一點心力，我都照單全收。加強訓練他們的口語表達，讓他們進班宣導，甚至代表學校在外演說，發揮自身的影響力鼓勵更多人認識減塑，我希望孩子們由推動減塑成為關愛生命、疼惜地球的人。

減塑，從交朋友開始

我很清楚，校園減塑的推行成效，仍取決於老師們的態度，因此

上圖／減塑課程融入美勞課實作環保袋。（照片提供：蕭淑美）
左下／邀請海湧工作室執行長陳人平向老師們傳遞減塑理念。（照片提供：蕭淑美）
右下／中年級社會課程融入宣導減塑理念。（照片提供：蕭淑美）

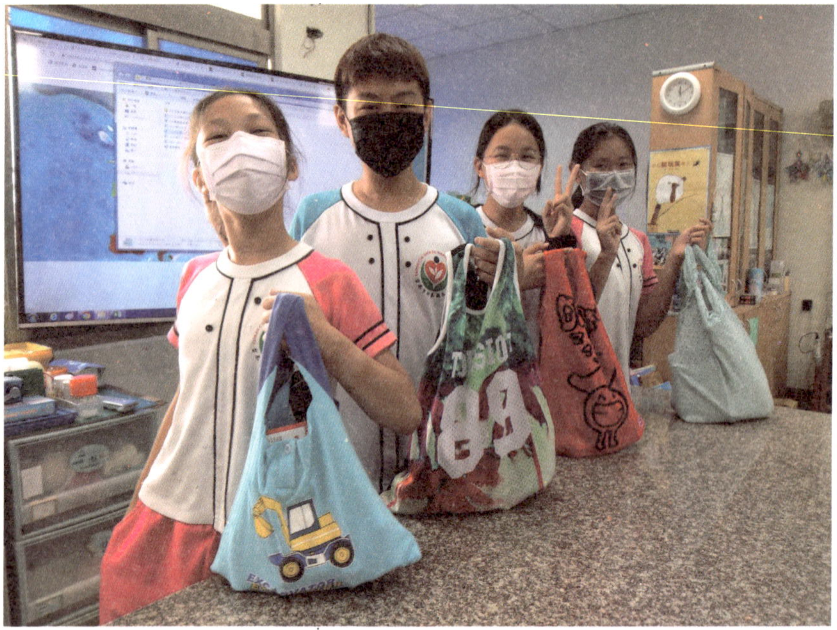

「感動老師、減塑大家一起來」是我的首要任務。我了解必須先做人再做事，不能侷限於健康中心，而是要踏出去和大家交朋友，如此我想和大家分享的好理念，才可能有更多人願意認真聆聽、放在心上。這就是「減塑交朋友」的概念。

我比從前更認真關心同事們的工作狀況，有機會和大家交流互動時，也會示範一些簡單的減塑做法，比如請大家吃點心時，我會用餐盤的蓋子翻過來當作點心盤，方便大家自行取用，也不需要一次性餐具。又如有一次學校承辦教師研習時，教育局規定不能使用一次性便當盒，學校苦無合作的廠商可以提供能重複使用便當盒，當大家正因此頭痛時，我就運用推行減塑的相關經費，購置了一批環保便當盒，根本解決了一次性餐盒的問題。

我的直屬長官本來是個對環保不太在意的人，他認為我不用別人也會用，但因為看到我對減塑的堅持，現在他願意一起來推動。每次有機會，我都會不遺餘力地表達對他的讚美與感謝：「你做這件事情太重要了，對地球和環境大有幫助，真是感謝你！」後來我們繳交成果心得時，我看見他寫道：「本來覺得減塑這件事，做不做都無所謂，但看到學校裡這麼多人在努力，漸漸覺得減塑其實沒有想像中困難……」這段真摯的心得，帶給我無比的肯定與感動。

原本校園減塑的推行也覆蓋到營養午餐，以循環利用的水果袋取代一般塑膠袋。我觀察到，新的午餐執祕來了以後，增加了麵包之類的點心，一人份就需要多用一個塑膠袋。對此我的心中很焦急，但能理解若貿然提出減塑，在無法確保食品安全的狀況下，反而會對他的工作帶來困擾。我先觀察了他一年，看出他對食品安全、學校午餐豐富程度的用心，並時常稱讚他的專業，直到建立了良好的互動後，我才跟他建議，是不是在發點心的時候，也能考慮一下減塑？或者若能回收塑膠袋重複使用也很不錯。果然到新學期就大有改善，減少了塑膠包裝，並提醒廠商盡量不使用塑膠袋，將廚房包裝的塑膠袋回收再利用。

從減塑糾察隊
轉變為共同成長的啦啦隊

當然，除了觀察和用心以外，對健康中心的業務我更加認真。原因無他，如果忙於減塑忽略了分內的工作，本末倒置反而會落人口舌。所以無論是分內的工作，還是工作以外和同事及學生的相處，我都加倍用心，只盼因為推動減塑，在校內結交更多好朋友一起做好事。但是幾年下來，我漸漸生出了許多挫敗感。

原因很多，比如我期待這個多年的推行，減塑行動能發展得越來越成熟；但隨著學校教職員異動、學生畢業，看著已經建立減塑理念的人不斷離開，好像一次又一次回到了原點，必須重新開始。且隨著時間過去，「減塑」帶來的新鮮感變低，集點卡的回收率明顯下降，就連自願報名的減塑小講師來上課培訓的出席率都變低了。

有一次看著平常會和我打招呼的孩子，因為買了飲料，手上拿著塑膠杯和吸管，特地遠遠繞過健康中心，不敢讓我看到，瞬間濃濃的挫敗感湧上我的心頭——我就像個給人壓力的糾察隊，不知這麼些年為何而努力，好像只剩我一個人在堅持，其他人都只是勉強配合。

後來我換個角度思考，不斷有人離開學校，正代表有減塑概念的人如同種子一般散布到更多地方去了，我應該高興才是啊。我就是因為執著於怎麼還有人不帶環保杯、怎麼還跟店家索取塑膠袋種種事項上，才會感覺自己像個糾察隊，雙方都越來越不開心。其實我的角色也可以是啦啦隊啊，和大家一起加油、一起求成長和進步，真心為我們做到的事感到高興，這樣不是更好嗎？

我也想起了一些孩子給我的可愛回饋，比如有個二年級的吳小弟分享，他去圖書館看書時，因為穿的是粉紅色拖鞋而被旁邊的小男孩嘲笑。他則大方回應：「這是我姊姊的舊拖鞋，還沒有壞所以我繼續穿，可以減少使用塑膠製品。我想減塑救地球，而且男生穿粉紅色拖鞋也很好看啊！我覺得將東西重複使用是愛護地球的好方式。」這樣

簡單質樸的話語，是孩子最真誠的感悟，我怎能不因此感到高興呢？

轉念之後，我放下了執著，也試著在原有做法上加入一些改變，比如請環保專業講師來為孩子們上課，講師風趣幽默，先從認識海洋生物，讓孩子與動物們有所連結，再導入減塑行動的重要。而我也持續蒐集一些相關影片傳給各年級的老師們，請他們在上課的空檔播放給學生看，維持減塑的熱度。

另外因為我們學校裡有木雕的機器，疫情期間我們就以此製作出木板「祈願卡」，讓孩子們寫下關於減塑自己想達成的事，以及對地球的祝福等，以這樣的儀式感讓他們重新省視自己的所思所想與所作所為。第一年辦祈願活動時，我們還請來了點亮計畫的減塑大使 bb 隊長，和孩子們一起把祈願卡掛到校門口，就像是對自己許下新年新願望一樣。後來這個掛祈願卡活動，成了我們學校每年的固定儀式，掛在校門口後，附近的民眾也都會來看，也能達到推動減塑行動。

我也會去找一些減塑圖案，提供給低年級學生彩繪，中年級則是減塑畫圖創作，高年級請書法老師帶著學生以毛筆揮毫減塑標語，寫下「減塑由我做起」等之類字句，這些作品都成為布置校園的最佳宣導。集點卡因實施多年，失去新鮮感，高年級的學生們覺得集點很幼稚，我就帶著孩子們自己來畫海洋

孩子們掛上自己用心製作的祈願卡。（照片提供：蕭淑美）

生物作為集點卡……總之就是要讓他們重新感受到減塑的好玩與魅力。

堅持 就能看見改變的曙光

回顧一路走來，其實絕非只有我一人在苦苦支撐，大家都或多或

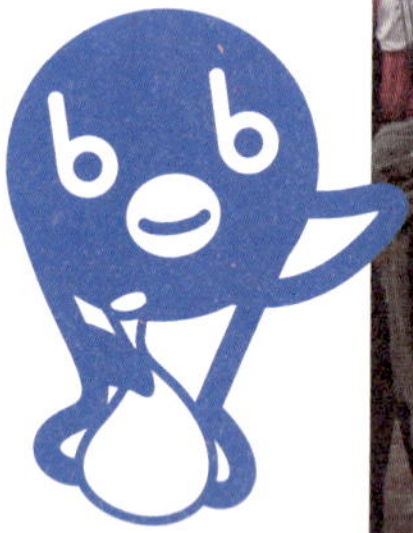

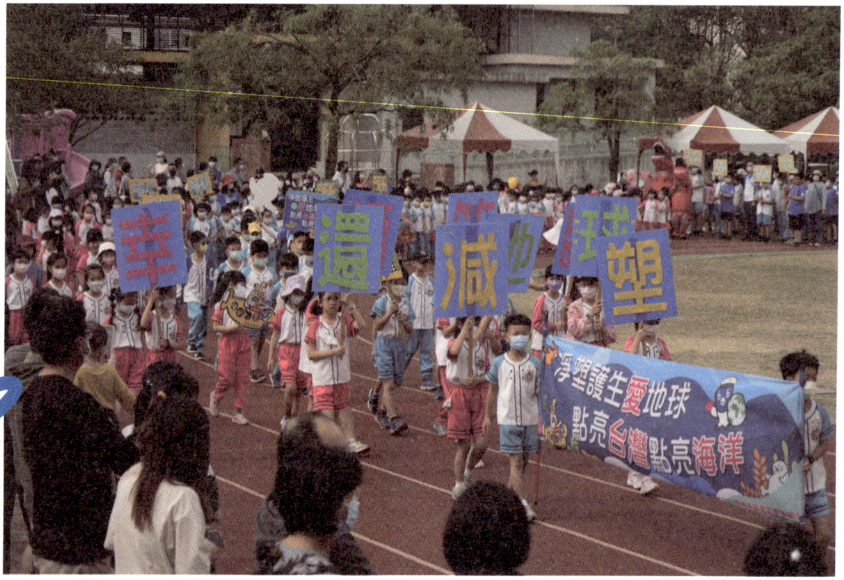

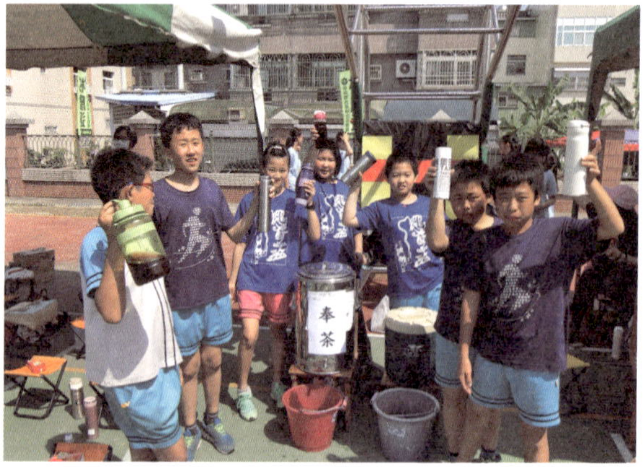

不塑運動會上，孩子們各自用環保杯裝飲料。（照片提供：蕭淑美）

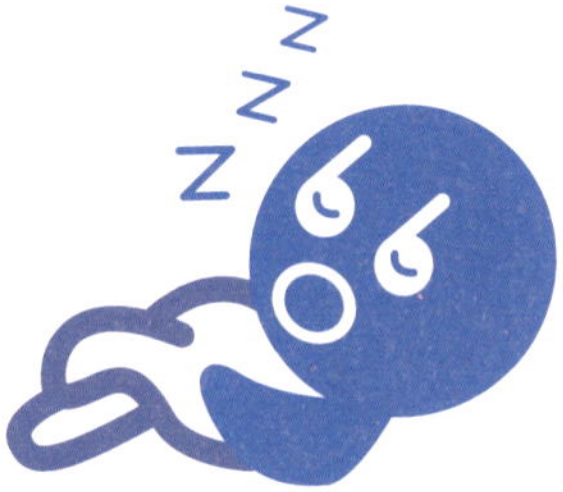

少有了改變。

學校的夏季運動會，常態是每班都一定會有家長請大家喝飲料，當天幾乎是全校人手一個塑膠杯。有一年運動會舉辦前，我徵得廚房及廚工媽媽的同意，在運動會當天幫全校煮飲料，我也請老師們在群組事先與家長溝通，表示學校會提供飲料，請家長不要再另行購買，「不塑」的運動會就這樣輕易達成了。事後我更發現，不少原本每天一杯飲料的教職員，也開始會帶自己的環保杯去購買飲料。這樣微小的改變，讓我十分感動。

秉持著「哪怕我只有螢火微光，也要把它捧出來對抗黑暗」的心情，對我來說，該做的事情就是要堅持下去，即使現在做不到，並不代表明天不能做得更好。以護理師身分在校推動減塑教育八年，我想的非常簡單：遇到困難，就是我提升自己的時候，最重要是要有歡喜心。

我的願景是減塑的概念能由學校、家庭，而後社區甚至全世界，這樣不斷地擴散出去，再過幾年我就要退休了，願景不知何時才能達成，甚至會擔心我退休以後，學校還會繼續推行減塑嗎？不過只要我的熱情還在，我也可以再回來當志工，甚至有更多時間跨到社區談溝通、合作。減塑這條路沒有盡頭，我總能找到參與的方式，因為這是一定、必須要做的事。

“遇難不退減塑初心”

陳莉羚 | 高雄市八卦國小老師

減塑這個議題，就像一盞心燈，透過師生的努力，將校園逐一點亮。

我減塑的初衷源自於一些令人心痛的畫面——擱淺的抹香鯨腹中塞滿塑膠垃圾的照片，以及從海龜鼻孔拔出吸管的影片。那些畫面令我既心痛又內疚，覺得自己是這場環境浩劫的間接殺手！因此，我與校內志同道合的老師，自 2016 年起，開始推動減塑課程與環保理念。

八卦國小的老師們一起參加教師減塑培力工作坊。（照片提供：陳莉羚）

最初的兩年，推行的力量還很微弱，我為此在校內奔走、私下拜託校長及主任，所幸成果不錯。我們會在園遊會前邀請慈心基金會來宣導減塑，眾人有了環保意識，垃圾量因此大幅減少！但由於尚在摸索階段，投入的力量還不多；直到2018年「點亮台灣 · 點亮海洋」計畫的出現，減塑轉變成團體行動，成為支援我們最大的靠山。所謂「德不孤，必有鄰」，擁有一群同心同願的夥伴，讓我獲得更多的靈感與能量。

保持善意
是減塑的第一步

也是因為點亮計畫的關懷與陪伴，我度過了推行時的困境與心力低落的階段。曾有一位老師在全學年推動減塑時，堅持不願配合，他的反應就像一堵高牆，令人氣餒，但我仍予以尊重。我知道這位老師離鄉背井，一個人在外租房子，於是我經常與他分享好吃健康的食物，卻沒想到我單純的善意，竟以完全相反的方式，重重地砸回我身上。

那陣子，我為了探望生病的母親，偶爾會請假外出，中午再趕回學校陪學生用餐，奔波忙碌之餘，收到好友擔心地詢問，才知道那位老師不明我請假真相，隨意猜測，說我外出不務正業。我在想，是不是因為全學年都在推減塑，唯獨他沒有參與，因而與我們比較疏遠？彼此不夠了解，又不當面說開，無形間形成對立，才會造成誤會。

只要想到這件事，我就心頭悶悶的，直到我慢慢去重新審思自己的心是否過於急躁。在我的認知中，減塑是很迫切、重要的，但其他老師有沒有這麼認為呢？而我和其他老師的交流，難道就只剩下減塑而已嗎？我能不能放寬自己像糾察隊一樣的標準，在推行減塑的同時，也多多關心自己的同事？我發現自己雖然在意，但並不討厭那位老師，只是我一心要完成減塑的目標，也給自己帶來不小的壓力。

在找到癥結點後，我告訴自己，若要讓計畫順利推行，必須與人為善，也要同理他人的困難。於是我持續對那位老師好，得知他每天都會去外帶早餐，我就送他環保袋、鐵吸管，過了一段時日，有一天竟然看到他拿我送他的環保袋裝早餐，那一幕讓我驚喜感動！隔了幾年，那位老師的態度終於軟化了，會主動回報減塑點數並對我說：「妳也不簡單，做這件為地球好的事可以堅持這麼多年。」當下聽到這句話，心裡非常感動。原來，當我試著慢慢放掉自以為是的堅持時，真心走進對方的心，站在他的立場著想、關心他，減塑的理念反而更容易產生共鳴。只要持續給人溫暖，善意終究會被傳達，也能為減塑推展起到正面作用。

小一新生全神貫注聆聽聯絡簿上的減塑集點活動。（照片提供：陳莉羚）

放下對立 一起攜手前行

然而校園減塑的困難還會因為人事變動，讓既定的減塑行動遭遇意想不到的亂流。我曾盤點過學校每學期會因為午餐水果而用掉 1.8 萬個塑膠袋，為此我主動擔任午餐

Tips

當我試著慢慢放掉自以為是的堅持時，
真心走進對方的心，
站在他的立場著想、關心他，
減塑的理念反而更容易產生共鳴。

委員，在獲取大家的同意後，改用環保袋裝水果。但後來學校成立中央廚房，得重新適應不同的作業流程，新來的營養師為避免麻煩，決定將午餐水果的環保袋改回塑膠袋。

「怎麼塑膠袋又出現了？」許多老師紛紛來詢問我，好不容易在校園看到成效的減塑運動退回原點，我當然不開心，但我決定先了解營養師的困難是什麼。

營養師很無奈地說：「妳知道我們中央廚房的營養午餐，還要供應其他學校嗎？為了控管預算，我只好找三家廠商來做，但只有我們學校是用環保袋，廠商換來換去也

是麻煩，我就跟他說，那就先不要用了！」聽完這番解釋，我才了解她取消使用環保袋的原因。

因剛來學校就接下重要任務，加上中央廚房剛成立，廚工也來來去去、繁雜的行政事務都讓她壓力很大。儘管同理營養師的困境，但我依然沒有放棄推動水果減塑的事。我還是持續與營養師建立關係，並在聊天時，有意無意地提及減塑理念。我發現她其實是個很認真的人，經常為了工作而沒空用餐。也是因為對工作的堅持，被老師們認為是個不好溝通的人。在校務會議上，許多老師拿過往的午餐菜色做比較，抨擊她的工作表現。

正當會議的氣氛越來越凝重，我決定主動站出來幫她說話。我對著與會的同事說：「中央廚房剛實施難免會有困難，雖然在菜單與食材上要做很大的調整，但請大家給新的午餐團隊一些時間，他們需要有個磨合期，希望老師們能多一點鼓勵，相信制度建立起來後，許多問題都能獲得改善。」

或許是因為我在會議中挺身而出，看見她的辛苦，讓她感受到被支持，之後營養師更常找我訴苦，也慢慢接受減塑理念，後來更直接跟三家廠商說：「你們不要再用塑膠袋了，全部用籃子或用環保袋。」不僅如此，前年的運動會，營養師主動找廠商談，將餐盒裡的麵包包裝改用環保材質取代，總共省下了 1,300 多個塑膠袋。去年

假，營養師也有參加點亮計畫所舉辦的高雄市減塑培力工作坊喔！

我發現：原來大家的心中都有一個溫暖的地方，只要我們放下對立，是可以慢慢變成好朋友，一起攜手前行。近幾年我的心態也有了轉變，前幾年我都只盯著成效，只在乎我的想法有沒有被接受、學校有沒有支持我，但現在的我不一樣了，我找到內心的平衡點。現在的我可以接受不完美，會試著用更寬廣的角度去看事情。這樣的我，在推動的過程中，真的變得比較快樂！再來，我學會去考慮到對方的難點，而不是一味地堅持我自認為是對的想法，我變得更有包容性，比較能尊重對方的想法與不同的起點。此外也體會到：「一個人走得快，一群人走得遠」，要擴大影響力，必須融入群體與人互動，找更多友伴一起來推動，力量才會更大。

以前我去菜市場買東西，看到大家拿塑膠袋裝餐點、裝熱湯，我都好替他們擔心，也想去跟每個人說「你們可不可以不拿塑膠袋？」但我發現，當我越盯著成效、越盯著結果，就會越痛苦，因為不是每個人都有像我一樣的「迫切感」，了解塑膠製品對環境與健康的危害。後來，念頭一轉，當我買東西用環保餐盒盛裝食物時，以身作則就是最好的推動，我為自己能堅持減塑而感到驕傲！

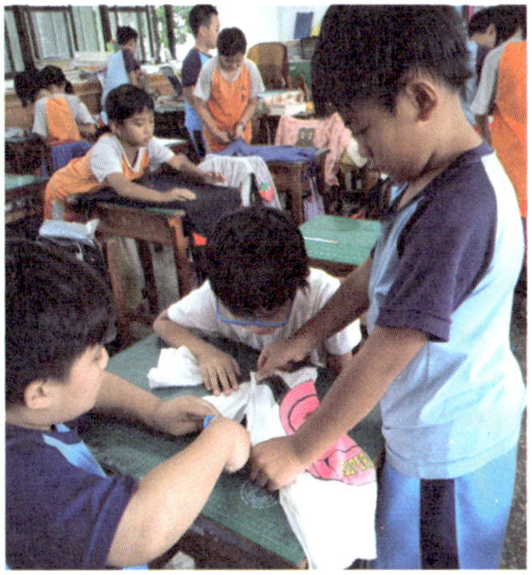

上圖／減塑活動「環保新時袋」，帶孩子們動手將舊衣重製成環保袋。（照片提供：陳莉羚）
下圖／用bb環保袋裝午餐水果。（照片提供：陳莉羚）

孩子的悲心
是鼓舞他人的力量

如今在推動減塑時，我已經體認到「知道」這件事與「做到」是有距離的，先與人產生共感，再找到推動的平衡點，不急著看到成果，也不會再因那種自以為是的責

上圖／海洋保衛隊隊長bb來到八卦國小與孩子們同樂。（照片提供：陳莉羚）

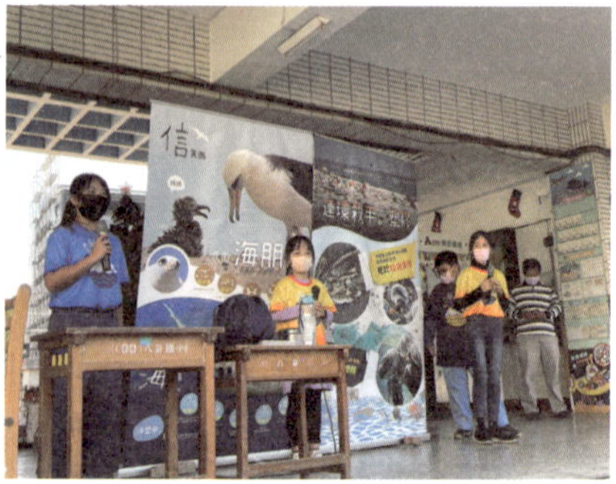

下圖／減塑小講師出任務，向大家宣導環保理念。（照片提供：陳莉羚）

任感，壓迫到自己喘不過氣了。

再六年我就要退休了，我希望培養學生同理他人與環境的悲心。目前八卦國小的減塑運動，已經從校園拓展到家庭，也有80幾家社區店家跟我們合作，成立減塑友好商圈，自發性推動環保杯、鐵吸管，甚至有一個新店家主動提及要跟我們合作，還捐100組鐵吸管給我們，這讓我很欣慰，覺得多年的努力沒有白費。

好幾年前，我剛開始推減塑運動時，孩子到早餐店想拿便當盒去買早餐，家長覺得上班來不及，經常不願配合，校方也曾經接獲投訴。不過，隨著近年來減塑成為校園特色，家長與我們已有默契，就比較少聽到反對的聲音了。我還曾收到匿名家長的鼓勵信，內容大致為：「感謝妳為這個世界做一件善良的事。」我看了很感動，也更體認到由孩子們來做宣傳，大人更容易去實踐。

佛說：「王子、蛇、火、沙彌雖小，不可輕視。」現在我想培育更多的小學生作為減塑小講師，走入社區，到菜市場、夜市等垃圾最多的地方去做宣傳。在幼小的心中種下種子，之後有機會長成蒼天大樹，開花、結果、隨風在其他地方發芽，讓減塑的理念持續擴散，最終還給地球一個乾淨的海洋。

Chapter 4

耕耘者

培養減塑仁心

深信教育的力量，

在孩子心中播下品德養成、環保減塑的種子，

用愛與耐心灌溉，

陪伴他們成長為未來的希望。

“拉近孩子與自然的距離”

陳瓔儷 台北市 葫蘆國小老師

「來，一人一支夾子一個袋子，我們一起來撿垃圾！接下來這五個禮拜，我們來看看，學校裡有多少藏在角落的垃圾！撿到拿回來，可以換集點卡。」我向四年級的學生宣布「追查角落怪塑」正式開始。

「如果在校外有撿垃圾，也可以請爸爸媽媽拍照傳給老師喔！你們想撿就撿，多撿老師會很開心，但不撿也沒關係，老師不會處罰。」我向學生強調，這是自主學

Tips

“能夠在學科上真正有成就的，
往往是優異的孩子，
但對減塑教育的課程有體驗跟感受，
卻是每一個孩子都可以有的。”

習活動，在課堂時間外，依照自己的意願進行。台下學生半是興奮，半是猶疑地接下「消滅角落怪塑」的「武器」。我從學生眼中，看出他們心中的問號。其實對我來說，這次的活動，我也懷著問號，因為這是我從沒嘗試過的形式——「先行動，再教理念」。

先行動、再理念的豐碩成果

以往帶學生做環境教育，我都會先幫他們上完整的理念課，從觀念到實例，一一講解，再帶他們體驗設計的活動。這一套教學流程，我實行了超過五年。但這一年，由

一人發下一支夾子，帶孩子們「追查角落怪塑」！
（照片提供：陳璟儷）

於時間不夠，只能「先做再說」。我只上了一堂核心課程，就把夾子發了下去。這次只上了一堂課，還沒完整跟他們介紹塑膠垃圾對海洋的危害，他們會不會沒有動力？

我的種種擔憂，在活動推行的第二天，就煙消雲散了。

「老師老師，妳看我撿了這麼多！」第二天午休時間剛過，就有學生得意地拿著滿滿一袋垃圾來找我。「才一天你就撿了這麼多，很厲害耶！」學生回答：「不是我一個人撿的啦，我們覺得很好玩，就三四個人下課一起去探險，老師妳知道嗎，圍牆旁邊的樹叢，垃圾超多的！」

又過了幾天，我開始收到家長傳的 LINE 訊息，孩子們回到家或是假日出遊，依然熱衷於撿垃圾的照片紀錄，如雪片般飛來，讓我非常振奮。我才發現「先行動、再理念」，對孩子們來說更加容易。回想我收到畢業生寫的卡片，超過十張談到我帶他們做的減塑行動。我只教他們兩年，減塑也只是其中一部分。我很驚訝他們是如此印象深刻。

環保是從小深植內心的記憶

再仔細回顧這幾年推廣環境教育的種種，我突然發現，原來我也是「先行動、再理念」的人呀！

小時候，我和爺爺奶奶住在基隆，40 幾年前的基隆，還是個鄉下地方。我每天就在基隆河畔玩耍，抓魚、抓蝦、爬樹……可以說是在大自然包圍的環境中成長。所以我對大自然的感情，不用刻意學習，而是從小就深植在我的身體與心靈記憶中。

也是因著這份對自然環境的親近感，我大學就讀景觀設計科系，學習與環境相關的課程，例如國家公園規劃、都市規劃等等。攜帶環保餐具這件事，早在 30 年前大學時期就開始做了。畢業後我選擇投入教職，認定這是我一生的志業。我將熱愛的環境議題、減塑，融入我教的各門小學課程中，國語、數學、社會、綜合科……都可以相互融合。我到台北市葫蘆國小任教後，遇見一群生命教育工作坊的夥伴。我從以往一個人埋頭設計教案，變成工作坊的一分子。

「點亮台灣．點亮海洋」計畫第一屆開辦時，我就是其中的一員。但那幾年間，我因為家庭因素留職停薪，沒辦法全力投入。暫別職場的時光，我也沒有停止關注推廣減塑教育的發展，我感受到參與計畫最棒的是：「真的是有一群人的力量，有師長的教導，這是最大的差別！」所以當我整頓好重回職場時，我已經準備好，要積極投入點亮計畫。

感動他人
形成善的迴圈

在環境教育領域可以說是「科班出身」的我，觀察學生後得出一個相當重要的結論：減塑議題要從家裡開始。

校園生活中，學生其實不太有機會製造垃圾。中午就是營養午餐，下課也就一間福利社，那塑膠垃圾又都是從哪裡產生呢？這是因為「有塑」行為，多半是在校外、在家庭生活中，這就是推廣減塑的困難之處。

於是我教導學生，希望他們把減塑的概念帶回家。我曾經在上完理念課後，推廣吃「不塑早餐」，

bb同樂會，和全台一起減塑的班級線上見面。（照片提供：陳璟儷）

我請家長幫孩子們準備不會用到塑膠包材及塑膠餐具的早餐。校外教學時，我希望家長能讓孩子帶「不塑午餐」。坦白說，家長們並不是全都樂於接受，曾有家長對我說：「我們平常工作、照顧小孩就已經很忙，可以不要再給我們出這麼麻煩的作業嗎？」家長的反彈，像是

左頁／兒童節歡樂小點心，全班帶著自己的餐具去盛裝享用。（照片提供：陳璟儷）
右頁／校外教學帶領全班盡可能自己準備健康餐點，進行無塑野餐。（照片提供：陳璟儷）

一桶冷水，潑在我一片熱忱的心上。但同時，也讓我靜下來反思。

在校園外的落實，確實很重要，但如果因為家長不願全力配合，就停止推廣，對環境能有什麼改變嗎？孩子回到家又打回原樣，這樣真的能將減塑理念深植在孩子心中嗎？而時機就是這麼剛好，因緣際會之下，沒時間上理念課的這一屆，我直接啟動「追查角落怪塑」夾垃圾活動，這次我特別強調自主學習：「不是一定要參加，有參加就鼓勵。」在比較輕鬆的情況下，孩子們更樂於分享，更願意積極主動，家長也比較沒有壓力。

這項幾乎沒有門檻的活動還有

一個好處：讓所有的學生都有公平參與的機會。不管成績好壞、家長支不支持，只要在學校，都可以參加夾垃圾活動，感受一分耕耘一分收穫的成就感。

能夠在學科上真正有成就的，往往是優異的孩子，但對減塑教育的課程有體驗跟感受，卻是每一個孩子都可以有的。我想起一些成績好又認真的學生，透過努力練習，獲得國語文朗讀比賽第一名，這當然可喜可賀，但這是他個人的成就，班上其他同學無法一同感受。減塑就不一樣了，全班一起做活動，即使是學業表現沒那麼亮眼的孩子，也可以在積極投入減塑中被鼓舞：原來我是一個好棒的孩子，我也有很厲害的地方！我發現孩子不同的亮點，而善良就是他的優勢，這個正向的增強會帶動身邊的同學，讓孩子更有自信，形成善的迴圈。

其中有一個特殊生小宇，讓我特別感動。小宇是有亞斯的孩子，對事物特別執著。有一次我們到動物園校外教學，中間穿插 20 分鐘撿垃圾的活動。小宇的阿嬤帶著他，特別準備了桶子來裝垃圾。但那天下著滂沱大雨，我看場地太濕了，正猶豫要不要取消撿垃圾的活動之際，活動組的志工媽媽傳照片給我，原來當大雨暫歇，小宇就穿著雨衣跑去夾垃圾了！執著的小宇，認定夾垃圾是自己的任務，做起來不喊苦不喊累，也把減塑的理念帶回家，爸媽和阿嬤都很配合。

世界地球日在島頭公園的淨堤活動，小孩非常勇敢地踩著堤防外的消波塊，在縫隙間撿垃圾。（照片提供：陳璟儷）

減塑
啟動愛與同理的心

藉由一次次的體驗活動，我和學生的距離、學生和自然環境的距離，都拉近了許多。我曾帶著孩子們到學校附近的河堤看燕子遷徙，「你們看，不是只有人類，還有好多的動物跟我們在一起。我們要小心一點，或者，要用牠們覺得好的方式去靠近。」

平常總是吵吵鬧鬧的孩子們，靜悄悄地看著燕子。

從河堤離開後，我對他們說：「有人不小心把垃圾留在這裡了，我們趕快把它撿乾淨，這樣小燕子才可以一直在這邊生活，我們明年才可以再來看到牠們。」孩子們馬上動起來，撿起河堤四周被前人隨意棄置的垃圾。

孩子們的可塑性是很大的，我記得我帶過一個特別調皮的班，看到他們因為「覺得好玩」便故意傷害小動物。我一有機會，就教育他們愛護生命。到後來，有時教室出現小螞蟻，原本孩子們會起哄把牠踩死，轉變成某同學跳出來阻止：「老師有教，牠們進來一定很害怕。」接著拿出紙張，小心翼翼地對小昆蟲說：「你走錯地方了，我把你帶出教室。」當學生把昆蟲移出教室後，我會大力表揚：「你們做得很好，給同學拍拍手，也給自己拍拍手！」

愛護環境、同理心、垃圾減量……這些理念，上起課來說得容易，但真正能讓學生發心去做，甚至內化成自動自發的行為，需要的不只是時間。我相信，透過親身體驗，能讓孩子學到更多。而我也不執著於既定課程，而是帶他們去認識、感受自然。做得好的學生，我有獎勵機制，但比起換獎品、換食物，我更喜歡他們「換體驗」，作為獎勵帶他們去騎腳踏車、爬山，孩子們最後都留下深刻的印象，對了，每次出遊一定都要撿垃圾！

至學校對面的河堤散步、野餐、撿垃圾。
（照片提供：陳璟儷）

種子就是得種下，不管最後感動他，啟動他的是哪一個事件、哪一個畫面、哪一個行為，不知道。但是就是給、給、給嘛！因為我跟孩子一起努力過，感受到我們擁有的美好，所以我願意再去堅持守護這些生命，守護我們的環境。

“讓稚嫩的善心萌芽”

楊淳珠｜桃園市溫格爾幼兒園園長

走過第一間教室，老師們帶著小班的孩子唱兒歌，看著孩子們唱跳的可愛模樣，我不由自主泛起微笑。走到下一個班級，剛好老師在導讀繪本，老師豐富的聲調和肢體語言，讓孩子們聽得好專心，有的孩子彷彿感同身受，急忙搖手大喊：「不行不行！」

自從小班開始，我們也會在課堂中播放有關環境教育的影片，看到海龜鼻孔拔出塑膠吸管的痛苦模樣、信天翁滿是塑膠垃圾的肚

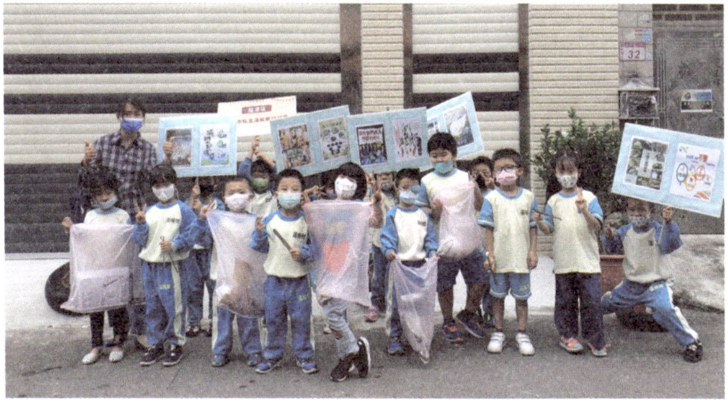

每年一定會舉辦的淨街活動，孩子們沿路高舉宣導海報、高喊減塑宣言，不得不稱讚這群減塑小尖兵。（照片提供：楊淳珠）

子，都令孩子們難過不已，於是一顆顆純潔的心，開始努力學習減塑。中班、大班的孩子已能理解環保知識的意涵，開始能互相討論。「為什麼要減塑呢？」老師慢慢地引導孩子們反思影片。「因為海龜受傷了……」、「因為信天翁死掉了。」、「地球生病了！」孩子們此起彼落的搶答聲，就是他們內心被觸動的最好證明。

要知道，平常孩子們連乖乖坐著都很難，可是他們看影片時卻是很安靜。我站在教室後微笑看著孩子們專注的神情，心裡暗暗給予肯定。此情此景，我們一直有信心可以達成；卻未想到，會令我們如此滿足。

寓教於樂的環保素養

猶記得起初，只是注意到慈心「點亮台灣．點亮海洋」計畫有舉辦一場研習講座，我趁著空檔去參加，聽到許多老師分享他們的減塑教學經驗，讓我相當佩服，尤其是駱蕾蕾老師的經歷令我十分感動，我覺得減塑對實踐永續是非常有幫助的，若要持續養成減塑環保的生活習慣，從可塑性極強的幼兒期開始是最好的，不但有益於環境永續，也能培養孩子惜物、自律的品格養成。因此，帶著孩子們學習減塑的念頭，在我心中開始萌芽。

我迫不及待與老師們討論，希望也能推行適合幼稚園小朋友的減塑活動，幸運的是，老師們都很支持。我們從最基礎的垃圾分類開始，不但師長們率先實踐，也帶著小小孩們一起做，覺得麻煩、分錯了，都沒關係，老師們一步步溫柔、充滿耐心地指引，孩子們也漸漸上軌道，逐漸養成自動自發做好分類回收的習慣，如果有同學做錯了，還會馬上提醒、糾正呢！

第一步如此順利，讓我們很驚喜，也想更進一步，將環保的概念融入教學中，讓孩子們慢慢具備環保的素養。我們訂購了上百本倡導環保的繪本，讓老師們上課導讀；或者搭配簡單、有趣的遊戲與活動，誘發孩子們的興趣。

因應孩子的年齡層，我們會

上圖／每一張減塑海報及動物角色牌，都是園長親自製作，希望孩子們透過角色扮演來換位思考，喚起對環境與生物的同理心。（照片提供：楊淳珠）

下圖／老師自製減塑宣導海報，再搭配環保主題的兒童繪本，帶孩子們進行繪本導讀及團體討論。照片提供：（楊淳珠）

播放環境教育相關影片給小班的孩子，引發他們的同理心，並透過問答，讓孩子們思索，如何從自身行動來保護這些動物；中班的孩子開始比較聽得懂了，於是我們製作的進階版的大富翁遊戲，結合環保知識，寓教於樂；至於大班的孩子，他們已經可以嘗試更具體的實踐活動，例如學習環保站的分類原則，並經過老師們腦力激盪、審慎規劃

家長配合減塑活動，提供外出時與孩子一起減塑的照片，並展示於園所分享給孩子們。（照片提供：楊淳珠）

後，每年會帶著大班孩子去淨街，我們還會帶著宣導牌，孩子們齊聲以口號宣導環境維護與減塑生活。

或許孩子們不全然明白保護環境的意義，但純真的他們，淨街比大人還認真！不像大人有「偶包」，他們看到垃圾就像看到寶，每一個人都搶著去撿，喊口號時更是字字清楚、聲音宏亮，一旁的路人和店家看了都忍不住讚美，還會特地送糖果給孩子們來表達支持，一趟趟下來，不僅是街道變得乾淨，我們更收穫許多美好的回饋。

這是美好的一仗，看著孩子們的回應很好，我們很興奮、很感恩，希望可以推出更多減塑活動，讓減塑環保的概念更深入孩子心中，卻沒想到，居然在下一關「卡關」了！

從孩子出發的善循環

在校園內的減塑活動獲得首捷後，我便思考如何幫助孩子們更全面地培養減塑環保的習慣；我想，若只是在學校減塑，終究只是短暫的，回家之後也能繼續進行，才是真正將環保概念落實在日常生活中。因此，家長的認同、支持，便顯得至關重要。然而，當我向家長們傳遞環保理念，邀請他們一起參與時，反應就沒有孩子那麼踴躍了。

Tips

“我始終記得推動減塑行動的初衷：
除了環境保護外，
更是要培養孩子的同理心與責任感。”

「老師啊！到底小朋友說要做什麼？怎麼聽都沒有聽懂？」這時又接到一通家長的電話。「阿嬤不好意思啦，這個是我們要請小朋友做環保，做減塑啦……」

孩子們的表達能力有限，有時家長聽不懂要幹嘛，其實我們的邀請也很簡單，例如在家做環保回收、出外為小朋友準備環保餐具、餐盒等等，再拍照片與我們分享，布置於園所布告欄。有些家長很樂於配合，但也有的家長可能工作忙碌、或是生活習慣不同，配合度也較有限。

我一直對自己說：「盡多少力，做多少事。」我始終記得推動減塑行動的初衷：除了環境保護外，更是要培養孩子的同理心與責

任感，所以家長的同理與同行是非常重要的。因此，即使在家長這端有點挫折，我們也不氣餒，持續以柔性勸導，孩子們也很貼心，跟我們同一陣線，不僅自身力行減塑，也會開始向家人宣傳。

其實，對父母來說，最有力的「宣導」就是孩子們的請求。日子一久，陸續有越來越多家長跟進，習慣了傳來假日外出也自帶環保杯、環保袋的照片，看到家長們也受孩子們的影響而開始減塑，對我們來說，無疑是一劑強心針！

我們鼓起勇氣、乘勝追擊，但這次是反過來邀請家長，以「行動」為孩子帶來新的渲染力，我們請家長利用回收物做成 DIY 創意裝飾，再擺設在校園。當孩子們能一起跟爸爸媽媽在家裡實踐減塑，大都感到興奮又有趣，也就更認真落實減塑，自然地形成善的循環。

減塑教育不在一朝一夕

我們也會融入許多環保元素於親子活動，像無塑聖誕饗宴、無塑野餐、更辦理大型的無塑親子運動會，邀請「點亮台灣・點亮海洋」計畫中最具代表的海洋保衛隊隊長 bb 到現場，大小朋友都很驚喜，創造寶貴回憶，也讓環保意識更深植於孩子和家長心中。

113年親子運動會邀請到bb減塑大使蒞臨現場，會場貼滿減塑海報，希望藉此將減塑理念傳遞給更多家長。（照片提供：楊淳珠）

隨著家長的參與度提升後，我們也持續發想新的大型活動，於是便推出攜手家長的全員淨山活動，規模更大，執行起來也更不易。我們不但要做好充足準備，也要先跟公家機關溝通許多細節，當天更布置好幾個關卡，讓孩子和家長不只是淨山、做環保，更能玩得盡興。

從帶孩子們學習資源回收，到最後辦理各種大型活動、甚至全員淨山；若問我會不會太辛苦？這麼做是否值得？我的答案都是肯定的，當然很不容易，但減塑教育本來就不是一朝一夕，必須長期執行，所以，我總是想著「盡力足矣」，而不去急切查驗是否有效。

雖然我們的力量很微小，但經年累月下來，孩子們漸漸養成了環保意識，他們會更懂得珍惜周遭環境、尊重愛護其他生命，同理心與責任感的養成，不正好符合幼兒教育的初衷嗎？因此再怎麼辛苦，我也深信，這麼做絕對值得。

未來我們也會持續下去，一點一滴在孩子的心中播下環保的種子，隨著孩子們長大，這些種子也會萌芽，讓孩子的未來不再滿是汙染，而是遍布純淨綠彩的大地。

“看見孩子的亮點，在減塑中教學相長”

吳素珠 ｜ 新竹市 竹蓮國小老師

我在「點亮台灣 · 點亮海洋」校園減塑計畫的草創時期就加入了。過去我對塑膠使用毫無感覺，常常一趟市場下來，提著幾十個塑膠袋回家。直到 2016 年第一次接觸到減塑議題，看到海洋生物遭受塑膠危害的照片，我才深受震撼，決定改變自己，也開始在任教的班上推廣減塑理念。

最初只靠自己摸索，常常覺得有心無力，不知道該怎麼做。直到關懷員沛雯聯繫我，邀請我所在的

竹蓮國小成為種子學校，我才發現我們是新竹地區唯一加入點亮計畫的學校！我感覺責任重大，像是在耕耘一片荒蕪之地，但也因此充滿期盼，未來要一步一步走出屬於我們的減塑之路。

然而實際要怎麼做？我摸索著前進，但執行時仍經常抓不到重點。直到聽到新北市海山國小楊東錦老師的分享：「減塑的目標不是集多少點，而是啟發孩子的慈悲心。」這句話成為我在校園推動減塑的目標。而這些年參與下來，我看見團隊的每一個人用心付出，設計減塑教案，無私提供各種資源，陪伴老師們一步步扎根校園。讓我覺得我不是孤獨的，有那麼多人重視減塑這件事，希望能藉由個人的力量，擴大對校園環境的影響力。

跨越挫折，從團隊支持中找到前行的力量

在學校推動減塑，經常會有挫折感，因為學校本職工作太多太雜，有的老師有心但沒時間；有的老師覺得多一事不如少一事，總認為我是來找麻煩的……諸如此類的回應，有時令人很灰心。還好每二至四週就會有一次點亮計畫團隊安排的教師分享會，能夠聆聽到不同學校老師的減塑成果，每當我看到別人遇難不退、還是堅持推動減塑時，我就會想：「我不是一個人，我可以繼續試試看！」

除了團隊互相打氣，關懷員沛雯也是我推動減塑的一大動力。沛雯每次傳訊息來，不是問我又做了些什麼，而是先關心我：「妳最近好嗎？」她真誠的關懷，每每都在我心中注入一股暖流，讓我更有信心走在減塑的路上。

在這過程中，我也學習到很多，像是重新思考教案設計。原本我直接使用點亮計畫的核心教案，給孩子們觀看中途島信天翁的紀錄片，當孩子們看到信天翁屍體裡塞滿塑膠袋時，有的孩子當場流下眼淚，還有的哭到停不下來！我沒想到，他們對生命有如此強烈的情緒反應。那次經驗讓我學到，教案的使用要視學生的反應而調整，震撼教育的同時也需要溫柔引導，先種下種子、用愛灌溉培養，而非急求

Tips

> 點亮計畫這把善的鑰匙，
> 不僅啟動了孩童的環保減塑意識，
> 也為我打開了看世界的另一種方式。

成果。

於是我調整教案，並參考台中市鎮平國小陳佳妙老師的作法，請孩子們畫下自己心中的海洋寶寶，貼在用塑膠垃圾布置成的海洋布告欄上。孩子每集滿一張減塑集點卡，就能取下一件塑膠垃圾，拯救自己的海洋寶寶，還給牠們乾淨的海洋。這個活動不僅促進孩子們集點，也讓他們同理海洋生物的痛苦，慢慢建立起對海洋的情感。

還有一次，我讓孩子們手上纏著塑膠袋，或綁上橡皮筋，請他們想像自己是被塑膠垃圾束縛的小魚，當我問道：「你們有什麼感覺？」他們一個接一個回答：「好悶喔！」、「好不舒服，很想拉開但脫不掉。」、「被困住了好絕望。」聽到孩子們真實地回應，我知道他們已經對海洋生物產生共感，也更願意去實踐減塑行動。

化對抗為共感
小弘覺醒內在的減塑之路

拯救海洋寶寶的活動不只增加孩子們對減塑的認同，也軟化了一名調皮學生的心靈。

當時班上有一位名叫小弘的轉學生，總是喜歡跟我唱反調，經常在我推廣減塑活動時，在教室後面大聲說：「為什麼要做減塑？我偏不要！」但在畫完海洋寶寶後，小

上圖／校園角落撿出許多陳年的垃圾。（照片提供：吳素珠）
下圖／集滿的減塑集點卡，化作教室布置。（照片提供：吳素珠）

弘對自己繪製的海洋寶寶產生了情感，希望透過行動守護自己的海洋寶寶，把牠拯救出塑膠垃圾海。

一次減塑遊戲，更是大大影響了小弘。我設計了紙片，上面寫了海洋動物可食用與不可食用的東西，包括瓶蓋、寶特瓶、塑膠袋等等，讓孩子們猜拳，贏的人可以抽紙片，一直到紙片全部抽完，才讓大家逐一拆開，互相跟同學分享自己抽到什麼。有人抽到海草、有人抽到水母，小弘則抽到瓶蓋。

「我抽到瓶蓋！」小弘拿著紙片，有點生氣：「為什麼要給我的海洋寶寶吃這個？」我有點驚訝於小弘的認真與投入，也感慨他雖然平時調皮，但內心柔軟善良。我耐心地回應：「沒辦法，牠就是吃到了。海洋生物很可憐，牠們無法辨認哪些東西可以吃、哪些不能吃，所以我們要去保護牠們。」在這之後，我發現小弘在減塑上更用心了，他甚至與同學組成四人小組，利用下課時間在校園旁撿垃圾。

竹蓮國小旁邊就是市場，偶爾會有攤販的垃圾飄到操場，有一次小弘與同學到操場撿垃圾，拎回來一個保麗龍箱，裡面還有豬骨頭。當下我內心裡直呼：「天啊，你們在幹嘛！這麼髒的東西，怎麼也撿進教室？」但面對孩子們的認真，我卻不能這麼說，畢竟他們在做的是對環境有益的事，而且他們這麼開心地來跟我分享，我怎麼忍心潑冷水呢？所以，我強壓住心裡的不知所措，轉而稱讚說：「哇，你們怎麼這麼棒啊！連這個都敢撿，太厲害了吧。」我的誇獎令小弘驕傲地挺起胸膛，此後更認真地撿垃圾、做分類。

小弘的改變讓我很感動，在升學主義至上的台灣，課業表現不亮眼的小孩，往往無法被看見，因此會透過一些偏差的舉動，來吸引大人的注意。可是減塑活動，排除了分數的比較，也沒有標準答案，只要付出就能得到成果。在這項活動，老師看到了孩子們的努力，孩子也獲得了肯定，找到自己的亮點，也對環境產生正面效益，可說是雙贏。

孩子超乎想像的影響力
走進市場，讓減塑扎根日常

在孩子們心中種下的減塑種子，不僅發了芽，還慢慢地在家庭裡深耕茁壯。

剛推減塑的第一年，我在班親會上時請家長分享孩子的優點，沒想到有一半的家長反應，去市場買東西，會被小孩提醒不准拿塑膠袋。「我當時覺得很奇怪啊，想說那我買肉怎麼辦？用手拿嗎？」其中一位媽媽笑著說，「結果兒子回我說『可以拿鍋子去裝啊！』我聽了也覺得對耶，好像也不錯。」那天的班親會很溫馨，沒有一位家長說：「老師，請不要教孩子做多餘的事。」反而是感謝我給孩子們正確的教育。

而我也再次體會到，孩子們的能力超乎想像。有一次我想著孩子們做減塑這麼久了，是否有能力分組自行設計減塑推廣方案？我發下學習單後，孩子們三五成群地討論，規劃時間、地點、行動與目標。曾經那個和我唱反調的小弘，竟然決定與同學們到學校旁邊的竹蓮市場發購物袋、宣導減塑。到市場宣傳，一直是我的夢想，只是每次想做，我便會自我質疑：「真的有這麼簡單嗎？」以至於多年來一直裹足不前，沒想到孩子們說做就做。

孩子們回家蒐集不需要的環保袋，此外我也向老師們募集。跟

孩子們一一對好宣導台詞後，我向點亮計畫團隊借了 bb 背心，一群人假日相約校門口，浩浩蕩蕩前往市場。當天，小弘的媽媽也來到了現場，我們一起看著孩子們穿梭人群、勇敢宣導，不僅佩服這些有勇氣的環保小尖兵，也深深為他們的成長，感到激動、歡欣喜悅，下定決心要延續孩子的善舉，讓他們的想法能夠變成長期行動。

雖然因為疫情期間聯繫不易，致使我申請在市場張貼減塑海報的行動延遲了兩年，但當疫情減緩，海報終能上架曝光，我好像也成為小弘團隊的一分子，共同做了一件有意義的事。

從迷惘到篤定 持續推動點亮人心的減塑教育

走過四個年頭，從最開始的迷惘膽怯，到現在的篤定自信。我這個缺乏創造力的老師，因為減塑教

師生一起去竹蓮市場張貼減塑宣傳海報。（照片提供：吳素珠）

用全校集點卡拼成的鯨魚，記錄竹蓮國小的減塑成果。（照片提供：吳素珠）

育的多樣化課程與活動，竟也激發了我的靈活度與韌性，甚至會主動思考：今年還能做些什麼不一樣的事？

最大的改變，是我學會從更多面向看見孩子們的優點。以往我不太容易讚美學生，總是習慣挑錯、只看到待改進的地方。點亮計畫扭轉了我的目光，讓我只看到他們的進步。以前我總對學生愛喝飲料而皺眉，可是現在的我已經能對拿著環保杯喝飲料的孩子微笑，因為他們減少塑膠的使用給予真心稱讚。孩子們被點亮的同時，我的心也被點亮了。

三年前我退休了，轉做點亮計畫的關懷員，服務十所學校參與計畫的老師。除此之外，我持續鼓勵新竹縣市的老師們參加教師減塑培力工作坊，一起加入減塑行列。我也要感謝沛雯讓我在關懷員這條路上「有跡可循」，面對陌生的老師，學習沛雯的方式，嘗試透過生活瑣事切入，關心老師們辛勞的日常。當老師們遇到了挫折，向我訴苦，我也會盡己所能地傾聽、陪伴與鼓勵，就像過去獲得其他老師們的幫助一樣。

透過點亮計畫，我結交了不少擁有共同理念的好友，這把善的鑰匙，不僅啟動了孩童的環保減塑意識，也為我打開了看世界的另一種方式。我很開心自己周遭的改變，也希望未來點亮計畫這項減塑活動，能為人們帶來幸福的日常。

“每天一「點點」，減塑立大功”

蕭自皓　台中市
龍津國小老師

「老師，我阿嬤說，自己帶鍋子去買飯回家吃，很麻煩耶。」小朋友來到我的桌邊，一臉苦惱。

我拿起他畫得滿滿的減塑集點卡笑著說：「下次可以先請阿嬤不要拿免洗筷就好，只要阿嬤少拿一樣東西，就說她很棒，也許久了她就會試著帶鍋子出去了。」這招循序漸進、由鼓勵代替批評，是我四年來在班上推動減塑最重要的「心法」。只要少用一根吸管、少丟棄

Tips

“只要找到合適的切入點，其實很容易喚起孩子的同理心和使命感，充滿熱忱地想為環境盡一份力。”

一個塑膠袋，就幫學生做紀錄、集點，讓他們覺得環境保育離自己並不遙遠，很容易做到。在可塑性最強的年紀習慣「不方便」，長大之後就會習慣成自然，甚至影響身邊的人。這是我參與「點亮台灣・點亮海洋」最大的期許。

因為學習背景是自然組，我原本就時常關注海洋、空氣這些議題，五年前正好看到兒子在大學修讀環境教育課程的用書，整理了很多國外的環保觀念和作為，加上近幾年報章雜誌中，也越來越常談論永續概念，「是時候來做些什麼了吧！」這樣的念頭開始浮現。

小學生雖然對大道理比較無感，但只要把知識轉化成簡單的語言，連結他們生活中會遇到的情境，他們是可以理解的。我在2020年主動參加了慈心主辦的教師減塑培力工作坊，很認同他們所推動的減塑理念，研習完便加入了「點亮台灣．點亮海洋」校園減塑計畫，對於將減塑活動融入課程及校園日常更加有計畫、有信心。

幫地球退燒 減塑打基礎

被爸媽要求做家事，是孩子們很常遇到的情況，我一問，大概有一半都會舉手說「有」。既然他們明白，身為家裡的一分子就要分擔家事，我就再進一步引導他們思考：「那你住在地球上，是不是也要幫地球做一些事呢？」這樣去比喻和引導，大部分孩子們都能夠接受。

「地球發燒了，全身熱熱燙燙的，你們要不要當醫生，一起來幫地球退燒？」小朋友都懂生病的不舒服，也知道退燒很重要，所以我只需要把「退燒」的方法教給他們就好。我認為，傷害環境的因素很多，但塑膠製品無疑是最大的殺手。如果孩子從小學會減塑，就等於是在從源頭幫助地球回復健康，這正是我們能做的、最有效的努力之一。

我們學校距離海邊只有十幾分鐘車程，空氣中總是有一絲淡淡的鹹味，孩子們對海並不陌生。因

課堂中融入減塑知識，帶著孩子一起思考。

（照片提供：蕭自皓）

此，每次播放海洋汙染影片，他們都特別有感。看到潔白的沙灘被寶特瓶、保麗龍、廢棄漁網所掩蓋，變得又髒又亂又醜，他們都一臉氣呼呼的樣子，再看到原本在海中自由玩耍的海龜、鯨魚誤食塑膠，甚至被繩索纏得動彈不得，又都不捨地紅了眼眶。

這讓我相信，只要找到合適的切入點，其實很容易喚起孩子的同理心和使命感，充滿熱忱地想為環境盡一份力。身為老師，我們下一步要做的，就是設計有趣又有意義的活動，並持續給予肯定與鼓勵，讓孩子們在減塑行動中，越來越有動力，越做越有興趣。

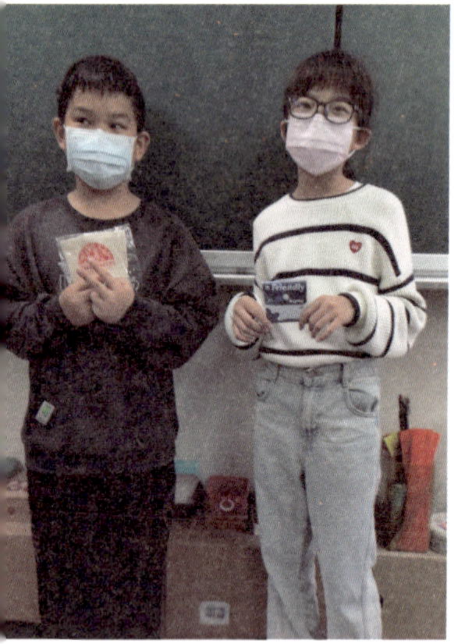

為用心實踐減塑的孩子們給予鼓勵與肯定。（照片提供：蕭自皓）

集點解任務 減塑變好玩

集點活動玩法簡單，靈活有彈性，是我在校園內推動減塑的好幫手。

一開始，每個孩子都會拿到一張點亮計畫團隊所設計的減塑集點卡，底圖有多種色彩繽紛的海洋生物，上面有 50 個圓圈，只要自己或家人做到一個減塑行為，就可以塗滿圓圈集一點：喝珍奶不拿吸管算一點、媽媽帶保溫杯去買咖啡也算一點……如此一來，動作快的人很快就可以集滿一張。每兩個月我會為集點成功的小朋友舉辦一次頒獎典禮，發放如環保筷、環保袋等獎品，如果獎品的圖案可愛、孩子喜歡，他們在集點時也會更積極。

第一張集點卡用完後，不再發新的，而是鼓勵孩子們用回收紙自己畫。起初只是希望我們不要因為減塑活動而浪費資源，沒想到他們反而玩得更開心。「你看，我的是鯊魚！」「哇，你的烏賊也好可愛喔，借我！」因為集點卡共有六款，他們集完自己拿到的那一張之後，就會借同學的來描，細心地著色，創作屬於自己的第二張、第三張集點卡，因為是自己的作品，所以會更重視、更珍惜地使用。

我在推集點卡時，總是提醒自己：減塑活動的目的是要激勵孩子，而不是給孩子壓力。因此，我會帶著他們到班上的垃圾桶前觀察：「你們看，今天的垃圾比較少，一定是因為大家努力集點，所以空氣汙染也變少了，真的很棒喔！」孩子們總是成就感滿滿，因為他們努力的成果是看得到的。

集點活動有頒獎卻沒有排名，對我來說，減塑不同於考試成績，它是一場終其一生的修習，是每個人需要長期耕耘、努力經營的生命課題。即使孩子繳回的集點卡只塗了寥寥幾格顏色，我們依然可以引領他回顧：「這點是做了什麼而集到的呢？」從他的回答中尋找線索，給予真誠而正向的回饋。而對於參與集點比較興趣缺缺的孩子，我會用輕鬆的閒聊方式陪伴他們，一起慢慢回想被自己忽略的生活細節：「禮拜天你們家有到外面去吃飯嗎？或者是有買外面的東西回家吃嗎？」孩子想了一下便說：「週末喔，我們家有去小吃店吃肉圓。」我緊接著問：「你們在店裡吃嗎？還是外帶？在店裡吃的話，肉圓是用什麼裝的呢？」孩子回覆：「用小吃店他們的碗呀。」「那就沒有用免洗碗筷，這樣也可以集一點喔！」我愉快地提醒著孩子。

往往只要稍加提示，就可以讓這些孩子意識到：原來日常生活中充斥著形形色色的塑膠製品，自己竟已在不知不覺中，實踐了不傷害環境的友善選擇，而且，做得還不少呢！

或許有些家長會認為，這些談話和課程內容無關，不必花費太

多心思。但其實依據最新的課綱，各學科都可與減塑議題相結合。例如，我們教到「地球發燒了」，是自然課的內容；又例如「一天少用一根吸管，一週就少用七根吸管」，這便是數學中乘法的運用。

在日常細節中播下減塑的種子，在耐心引導中點亮孩子的環保意識，這是我的信念，它不僅發起於教室，更是與生活交織、靜靜發光。

走過這段
師生與減塑訓練
一起成長的歲月

「如果爸爸媽媽、阿公阿嬤想參加，幫你們一起集點，也可以喔。」發下集點卡時，我總會這樣鼓勵孩子。只要能讓孩子們對減塑更有感、更容易成為習慣，我都樂見其成，不必限制太多。有趣的是，孩子也很精明地爭取：「老師，帶鍋子出去買飯很麻煩耶，比不拿吸管難好多，可不可以算我集三點？」看他們得意洋洋地討價還價，總是令我會心一笑。

在我推動減塑的四年間，帶了三屆學生，至今還沒遇過家長抱怨減塑活動影響課業。更幸運的是，

師生一起榮獲2024海洋之星。（照片提供：蕭自皓）

班上有一位家長在經營資源回收廠，對回收的「眉角」瞭若指掌，還應我邀請到班上跟孩子們分享相關知識，甚至打破我過去的迷思。

「不是所有的塑膠都能回收喔！」這位爸爸特別強調，「瓶罐下面的三角符號，才是判斷能不能回收的關鍵。」這些無法回收的塑膠，即使進了回收廠，最後也只能進焚化爐。「因此購物時的選擇就要很小心，盡量不要買只用一次就得丟掉，而且不能回收的產品。」這些新知識，成了孩子檢視生活的養分，也讓他們開始摸索出屬於自己的減塑方式。

慢慢地，我發現越來越多人採納我的建議，像是用餅乾紙盒取代塑膠的收納盒，剪刀膠水依然能擺放得整整齊齊。那位經營回收廠爸爸的孩子，甚至會把在資源回收廠發現的完好塑膠盒帶來學校，「這個盒子還可以用喔，有沒有人要？」孩子們不僅懂得減塑，也學會愛物惜物、知福惜福的美德。

「老師，為什麼外面的人都不乖，都要把塑膠袋塞在我們的圍牆裡面，卡在樹上？」現在的他們，已經無法對亂丟垃圾、濫用塑膠的行為視若無睹。

一路走來，班級是我發揮影響力的場域，教學是我引以為傲的專業，能以「減塑」為軸，串聯教學與生活，獲得家長與校長的肯定，真的非常幸運。未來，我也希望能跨出班級，讓更多人一起參與。像有次校慶，我就提議這次的道具別用塑膠製品；之後也想成立環保減塑社團，讓不同班級的孩子都能輕鬆加入，不造成老師們的負擔。

每個孩子原本都是一張白紙，隨著各自的經歷慢慢染上不同色彩。減塑練習，從自己做起，擴及家庭，延伸到整個環境。在一次次觀察反思中，開始建立對錯與價值觀，慢慢形塑出「想成為怎麼樣的一個人」。我相信，這段過程將深深影響他們的一生——希望有一天，當他們走出校園，仍會記得這段訓練，並成為記憶中鮮明的色彩，陪他們一步一腳印地前進迎向遠方。

“品格養成的最佳課堂”

張玉梅 | 屏東縣
忠孝國小老師

我自己實行減塑已有多年，但越關注環保議題，在嚴以律己的同時，容易在不知不覺中也嚴以待人。有一件小事，我始終記在心裡，時時用以提醒自己。

「老闆，我要一個，不要塑膠袋。」多年前的某一天，我和妹妹一起出門買東西。老闆嘴上答應了我，手卻下意識地按照平常的習慣，把東西裝到塑膠袋裡遞給我。有一瞬間，我非常不開心，我把塑膠袋還給他然後離開。之後，妹妹

跟我說：「姊，妳知道嗎？剛剛老闆將塑膠袋遞給妳時，妳的氣場很可怕耶。減塑的概念可能在妳腦海裡已經重複一萬次了，自然而然就會去做；但對這位老闆來說，他或許連一次減塑的概念都沒有。」

原來我在無意識之中，多少帶有指責他人「沒有環保意識」的心態。察覺到這點後，身為老師的我在學校就更不敢貿然去推動減塑教育，我擔心因為自己的做法不周全，反而使孩子們對此心生反感。

另一方面也是因為當時我剛到新學校，我想先觀察一下新學校的狀況，加上學校的事務本就繁重，減塑如果只求交出表面的成果，拍幾張照片、寫一些文稿就足以應付。但是我不想這樣，如果要做，就要想辦法讓孩子們發自內心去接受，並落實在生活中。但這卻不是一件容易的事。

從震撼人心的真相啟動減塑仁心

等到我自己心態調整好了，便在 2020 年參加了「點亮台灣・點亮海洋」計畫的教師減塑培力課程，不論是高雄市文府國小全校動員減塑教育成果，還是高雄市汕尾國小駱蕾蕾老師觸動人心的經驗分享，當看見有人信念極強地走在前頭，真的落實了很多減塑行動，給了我不小的信心。於是我申請了一

上圖／在老師的帶領下，學生們參與淨灘活動。（照片提供：張玉梅）

下圖／購買飲料時樂於自備環保杯的學生們。（照片提供：張玉梅）

些減塑集點卡片，找時間在自己班上播放減塑相關的影片，和孩子們分享海洋生物受到塑膠垃圾危害的真相。

對孩子而言，這樣「真實」的影片令他們的心靈有所感觸，現在的孩子相較從前，對周遭人事物變遷麻木無感許多，他們從小就每天被各種課程、才藝學習塞得滿滿的，不然就是回家做完作業、看個電視就睡了，生活得像個機器人一樣，根本沒時間去「感受」什麼。長時間透過網路及 3C 產品與世界交流，對很多事物都沒什麼真實感。當實際地看見人類製造出來的塑膠垃圾對整個環境造成的影響，這種震撼感，反而能夠破除他們對凡事都與自己無關的心態。

某天課堂上，當影片播放到從海龜鼻子中拔出塑膠吸管，海龜痛苦掙扎，鼻孔開始流血的畫面時，班上的小歆突然嚎啕大哭了起來：「老師……海龜好可憐……我們可以不要再看了嗎？」

隔天一早，小歆請我幫她打開杯裝豆漿的封膜。我問她：「妳的吸管呢？」她回答：「我再也不要使用吸管傷害海龜。」於是我告訴她：「這一層封膜也是塑膠，如果讓海龜吃到了，也會傷害海龜。」

再過一天，我發現小歆已經改為將豆漿裝在環保杯裡，後來，小歆甚至沒再帶早餐來學校吃了。我好奇地問她：「妳的早餐呢？」她回答我：「我想通了，我跟媽媽約好，以後我都早點起床在家吃媽媽做的早餐，就不會再用到任何一個塑膠製品了。」

我感嘆小歆的善良及行動力。小歆原本連做功課都拖拖拉拉，但在減塑實踐上，反而讓我看見了她的執行力，我相信她做得到更多，到了新學期，我毫不考慮就選了她當班長。現在她已經是個很有自信、完全不用大人煩惱的孩子了。

培養孩子品格的減塑教育

絕大多數孩子在老師多次耳提面命後，能夠記住標準答案已經很不錯，要讓他們打從心裡那麼想，是非常困難的。

平時，我在教學上會思考要怎麼讓孩子學習成為一個幸福的人，比如擁有守法、知足、感恩、勤勞的良善品格。但有些概念對於連換位思考都還很困難的孩子來說是很抽象的，我只能引導他們先從自己身上出發，比如你和別人講話時專心地看著對方，對方也回以專注聆聽；爸爸媽媽請你做什麼事，你願意去幫忙，和爸媽相處的氣氛也會更愉快。同理，你做了一件壞事，有時是自己的良心先感到不安，被發現以後還會被處罰，最後倒楣的還是自己。

這樣簡單的邏輯裡自然有很

Tips

“減塑即是培養孩子品格、
奠定做人做事的基礎學習，
藉此便能將許多良善的理念一點一滴地
注入他們的生命中。”

多可以深思或質疑的地方，但我的目的是要引導孩子在做每一件事之前，都要去好好想一想：為什麼要做這件事？做了會對自己帶來什麼影響？避免一窩蜂地被別人牽著鼻子走。當他們的每個行動都有意義，都是想為了讓自己或身邊的人更好時，他們就有了最初步的為自己負責、為自己做決定的能力，那時再帶入減塑的概念，就會容易許多。

能讓孩子們自發地思考、願意關心減塑，才算是走出了第一步而已。如果孩子在家裡和在學校接受到的觀念有所衝突，那要他養成一個習慣也很困難。因此若能得到家長的支持，減塑才會真的在孩子們心裡扎根。但現在的家長工作已經夠忙碌了，難免會被嫌麻煩，配合意願也不會太高。因此，我想要用我的專業來解決家長最頭痛的問題，同時培養孩子們良好的生活習慣。當學生和家長都能從中受益，三方建立起彼此之間的信任感後，做許多事都會事半功倍。

舉例來說，家長最有感的問題，通常是現在孩子的情緒控管能力普遍低落。這影響的當然不只是家長，孩子本身做事、學習時的穩定度，以及他們的人際交往等，也都會受到影響。因此，在我的班上，每堂課一定是從帶著孩子們深呼吸開始的。在每天忙碌繁雜的生活中，閉上眼睛，靜下來，世界只剩下你和自己的呼吸，慢慢地吸氣……呼氣……。能夠專注在自己的呼吸上，練習摒除一切雜念的體驗，是可以運用到各個地方的，即使是很小的孩子，也能夠在短時間內仔細去完成一件事。

察覺呼吸的專注練習，下一步則是習慣去感謝，感謝今天的自己準時到了學校；感謝自己今天買早餐時沒有拿吸管，為環境盡了心力；感謝爸媽接送自己上下學……當孩子們能夠很自然地對周遭事物懷有感恩之心時，便可以引導他們思考，「做好事」就是讓自己可以感謝自己的事情。孩子們情緒穩定了，課業專注度提升、懂得感謝也願意去幫助他人，生活就會開始產生正向的循環。孩子們的改變讓自己和家長都受益，對於我想分享的

上課前由學生引導全班同學進行「身體覺察深呼吸活動」。（照片提供：張玉梅）

減塑理念，家長也會更願意聆聽、肯定。

減塑即是培養孩子品格、奠定做人做事的基礎學習，藉此便能將許多良善的理念一點一滴地注入他們的生命中。

為了減少使用免洗餐具，師生參與科展，研發食用麵粉湯匙。（照片提供：張玉梅）

未來的減塑路上
持續彼此陪伴

我推行減塑教育到現在，進入第五年了。從剛開始在自己的班上推行，到後來也越來越多同行的夥伴。我觀察到全校共通核心課程中，剛好有和環境教育相關的部分，而這都需要老師額外備課。我正好趁這個機會，在老師們彼此觀摩教學現場時，用減塑教育的內容來演示。同時我也會跟有興趣推動環保減塑教育的老師們，分享手邊現成的集點卡片、影片、海報與教材。雖然不見得每位老師都願意推行減塑課程，但多播下一個種子，或許有天時機成熟，也會在我意想之外的地方生根發芽。

隨著每年的推廣，我亦會尋求創新思考，比如我在高年級帶科展的時候，也正好是政府公布禁用許多一次性塑膠製品的時期，我便帶著孩子們一起探討：我們有沒有可能做出替代一次性用品的東西？後來我們想出替代免洗餐具的提案，研究了自製環保湯匙。過程中孩子們討論得很開心，最後我們真的用廚房裡的麵粉做出了可食用的湯匙，獲得全縣第二名及額外的環保相關獎項。我相信這樣的減塑教育，會留在他們心中很久。

而我最大的改變，就是我內心的能量變得強大澎湃許多。原先在實際推行之前，我有過很多的疑慮和恐懼。雖然不需要徵得同事的認同，也還是會忍不住在意別人的想法或反應。但是當我看到孩子們的回饋，知道的確可以透過一些策略及課程的安排，幫助孩子們培養減塑的習慣；知道自己對於環保能夠做到的事情有很多，我內心也逐漸堅定起來。

現在，我帶過的第一批接受減塑教育的孩子們已經升上高年級了，我想訓練他們去表達。可能是讓他們學著設計，用簡短的slogan、帶動唱或者是影片，去跟別人分享自己的心路歷程和經驗。我有好多好多想做的事，希望可以陪伴孩子們在減塑的路上，再往前走出一大步。

“所有微小的付出，都是點亮孩子的未來”

唐怡｜台東縣 富山國小利吉分校老師

知道有「點亮台灣・點亮海洋」這個活動，其實我非常地感動。過去我曾和朋友討論過登山時看到廢棄寶特瓶多麼讓人不舒服，外出也會自備餐具，避免使用一次性竹筷帶來的浪費和健康的危害。但都屬於偶發的個人行為，我從來沒有想過可以團結起來，集眾人之力，去改變環境，也改變教育。

可是點亮計畫做到了，於是我也想要加入這個行動。

加入之後，就好像乘上了一艘大船，主辦單位點亮計畫團隊不僅每年舉辦工作坊，還提供了許多資源與教案，不乏其他學校老師的經驗分享，確實給予我許多幫助。

然而就像點亮計畫的前輩們所說，一旦落地實行，還是要靠各校老師彈性調整，以彌補每間學校、學生的差異化。雖然在同一艘大船上，我們卻有各自的風雨需要面對。

偏鄉學校的減塑挑戰

就拿我所在的富山國小利吉分校來說，這是一所位於山區的偏遠小學，學生多是部落裡的孩子，街區也不似大城市繁華，這裡就一家雜貨店、一家早餐店。偏鄉的孩子連購物的機會都很少了，很難理解「買東西不要拿塑膠袋」、「裸買裸賣」的意義。

孩子會睜著無辜的大眼說：「老師，我不會去拿塑膠袋啊，都是我媽媽買東西拿回來的。」那些對於都市孩子理所當然的日常，在這裡並不適用，我該怎麼順應他們的生活來實踐環保行動呢？於是我先鼓勵他們：「你們有察覺到買東西拿塑膠袋不好，那我們是不是可以提醒爸爸媽媽不要拿，或是我們先幫爸爸媽媽準備好環保袋，拜託他們出去時要使用環保袋呢？」

我會帶著孩子們手作，發揮創意巧思，像是用繩子編織成水壺提袋，將吃完的零食包裝改裝成食物袋，或是使用孩子們穿不下的舊衣服改裝成環保袋。最初孩子們都沒做過，縫得破破爛爛的，越來越上手後，環保袋結實又美觀，讓孩子們充滿成就感，也更願意隨身攜帶並且使用。

「環保袋一定要放在貼身的包包裡，它才會真的成為你減塑的工具。」我告訴孩子們，自己使用的話可以記一個環保點數，但如果成功推薦爸爸媽媽使用，將環保行動影響到身邊的人，可以記三個環保點數，這也是因應偏鄉孩子們購物機會不多的一種推廣方式。

結果有一個認真的孩子，真的因此纏著爸爸不放，唸到爸爸受不了了，終於投降願意帶著他做的環保袋去購物，後來習慣成自然，不用孩子多說，也不是為了集環保點數，而是真正內化成這個家庭的生活方式。聽孩子說他的死纏爛打如何讓爸爸妥協，我既感到好笑又深深為他感到驕傲。推行減塑，只是想在孩子心裡打下基礎，讓他們去感覺、去體會地球環境和自我的關係。但即使帶著孩子做了那麼多，我也沒有把握能夠改變孩子多少，只能一點一滴地在他們的成長過程

帶孩子將吃完的零食袋洗淨，外層縫上布包裝，就成為可重複使用的「元氣食物袋」。（照片提供：唐怡）

中留下痕跡，沒想到孩子的回饋遠比我想像的更多，他不只改變，還帶著家人一起改變。

我從和孩子的互動中獲得了力量，就像孩子可以帶動家人做環保，我想我也能夠號召更多老師在校園裡推動減塑。

上圖／教導孩子用英文介紹裝滿環保用品的「綠背包」。（照片提供：唐怡）

下圖／新食器時代活動，利用天然的餐盤吃蛋糕。（照片提供：唐怡）

裝載希望的綠背包

連續有兩到三年的時間，我和另外兩個老師共同設計了「6R 新生活」，以資源回收 6R 的原則作為主軸，規劃一系列的課程，其中就包括了「綠背包」的實作與運用。

當我們在減塑園遊會中提出讓全校小朋友都配戴「綠背包」時，我很感謝主任和老師們的支持。因為平日工作繁忙，不是所有老師都會額外花費心力進行減塑教育，但也不會嫌麻煩而反對我們的構想，甚至有一位英文老師還主動配合，活用教學，教導小朋友們如何以英文介紹綠背包。

綠背包其實就是孩子們自己的背包，但在裡面放入環保杯、環保餐具，以及自己做的環保袋，讓它變成一個具有綠色環保意義的背包。我提醒他們：「你們要想想什麼樣的環保杯裝飲料，放進背包裡才不會溢出來。」

雖然是減塑園遊會，大部分外來的廠商還是無法配合，對他們來說僅是一天的活動，很難為此增加不必要的成本。因此我們改換以獎勵式的減塑策略，鼓勵孩子們自備容器，從消費端減少一次性餐具的使用。「如果你們確實有用綠背包裡的東西去購物，馬上拍照給老師看，之後老師會給你們獎品喔！」

我們也從當地部落原住民的祭典中取得靈感，帶孩子們撿拾月桃葉和芭蕉葉，清洗過後作為天然的食物餐盤，最後連同橘子皮等無法食用的廚餘做有機堆肥，掩埋在菜園裡繼續滋養土壤。而這，也是 6R 中的一個環節。

後來我們還把 6R 新生活的教案拿去參加比賽，真正得獎的那一天，我們都好高興！不只是因為我們在做對的事，還有我們的堅持得到了肯定！回想推動校園減塑以來，最大的困難其實是喚醒孩子對於環境的注意力。

尤其近年來科技快速發展，孩子沉迷於數位網路，更容易和現實產生疏離感，對世界的變化「無感」。偏鄉的孩子因為父母工作忙，從小是看平板手機長大的，我班上甚至有一個孩子，幾乎沒辦法與人交流，我感覺我的講課聲就像是他平板中的背景音樂，更別說告訴他氣候變遷、垃圾汙染對人類本身有多大的危害，他們出生時這世界已經受到了傷害，極端天氣是日常，塑膠用具無法斷絕，都是無法改變的事實。

相較聲光效果刺激的網路影片，關注環境顯得那麼遙遠且無關痛癢。一開始帶著孩子們行動，我充滿挫折感，孩子們心不甘情不願，完全不願配合。我試著引起孩子的興趣，聯合三個班級共同舉辦一個比賽：尋找「老妖精」。讓孩子們回家找重複使用最久的東西，

後來還有孩子把阿公阿嬤年代的用品都拿出來參賽！

就這樣，慢慢地在孩子心裡建立概念，到帶著他們手作，偏鄉的孩子課後沒有補習、沒有多餘的課後活動，比起讀書，手作課程更受歡迎，能夠因此教孩子們一些生活技能，是推廣減塑一個額外的收穫。

踏出勇敢減塑的第一步

最讓我感動的，是看見孩子踏出勇敢的一步，大聲地向世界宣告自己減塑的主張。

那是一個害羞又愛面子的小男生。學校附近只有一家早餐店，我鼓勵孩子們拿著自己做的元氣食物

Tips

“教育和減塑一樣，絕不只是一時作為，需要長年的行動，所有微小的付出，終能換來美好的結果。”

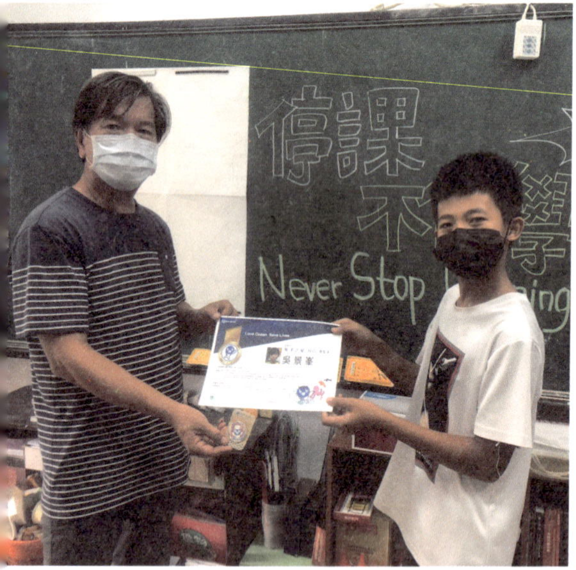

集點救海洋，孩子們和美國ETA老師榮獲海洋之星。（照片提供：唐怡）

袋去買早餐時，那個好強的小男生會回我：「可是那個早餐店的阿姨很兇欸！她忙起來的時候根本不會聽我說話。」

「你可以想想辦法啊！」我出主意，「至少先把環保袋拿出來，讓阿姨看到你有自己準備環保袋。」男孩癟癟的嘴角表達了他內心還有許多意見，我猜他可能怕大

人的斥責，這份預想就讓他有所退卻。

我沒有逼他一定要行動，但當我表揚班上其他同學減塑成功時，男孩不甘示弱地說道：「我今天也有挑戰啊！」全班都期待地看著他，男孩頓了一下，小小聲說:「我沒有成功，我說得太慢了。」原來男孩還沒完全說出口，早餐店阿姨已經連同塑膠袋，將包好的早餐一起放進他的元氣食物袋了！

全班同學聽了笑得東倒西歪，我讚美他：「很棒啊！你一定可以挑戰成功的！」經由一次又一次的挑戰，男孩終於成功了，他得意述說那一刻的神情，令我難以忘懷。

往後的日子裡，當我自己遇到挫折，我就會想起那些孩子們，想到他們從對環保無動於衷，到勇敢對早餐店阿姨表達意見；從針線都拿不穩，到能夠縫出一個可愛的環保袋；從拒絕和他人交流，到漸漸關心身邊的環境……最初只是身處教育第一線，覺得自己有責任讓孩子認知到我們所居住的星球現況，但在和孩子相處過程中，我發現，教育和減塑一樣，絕不只是一時作為，需要長年的行動，所有微小的付出，終能換來美好的結果。

點亮海洋，點亮台灣，同時也正在，點亮孩子的未來。

Chapter 5

守護者

傳承希望的新一代

最年輕也最純粹的環保小尖兵！

看學生們以減塑行動愛護地球，

用雙手撿拾、捧出真心守護，

為這片土地許下最溫暖的承諾。

“飛向未來的海洋之星”

錢沛祺
高雄市
文府國小畢業生

站在教室外面，我聽見裡面傳來老師管秩序的聲音。我有一點點緊張，但想到接下來的事，比起不安，更多的是期待。

我深呼吸，帶著笑容踏進教室。「大家好，我是沛祺姊姊！」幼幼班的小朋友坐在地板上，抬頭看著我。「今天我要來跟大家講一個關於海洋的故事。」我點開投影片，秀出藍天白雲下的太平洋美景。

Tips

“一個人的力量或許微小，
但一個人可以影響另一個人，
我相信堅持下去一定會感動某些人！”

「你們看，這片廣大的海洋裡，住了很多生物，像是……」

「我知道，有魚！」有些活潑的小朋友開始搶答。

「沒錯，有大的、小的，好多好多魚，還有海龜、海鳥。你們知道信天翁是什麼嗎？」跟我想的一樣，很多小朋友果然是第一次聽到「信天翁」。

「信天翁是一種海鳥。牠飛翔的時候，一雙翅膀張開，最長可以超過300公分，比兩個我疊起來還要高喔！」透過投影片，我帶他們來到太平洋上的中途島，「那裡住了很多信天翁，有信天翁爸爸媽媽，還有信天翁寶寶。」

「但是，很多信天翁寶寶來不及長大。」下一張照片是已經死

到幼兒園宣導減塑知識。（照片提供：王麗姿）

亡的信天翁寶寶，胃裡裝滿人類製造的垃圾：打火機、瓶蓋、塑膠碎片……我從小朋友的眼裡看到了震驚與疑惑——小鳥是吃塑膠死掉的嗎？為什麼會這樣？這麼大的海裡為什麼會有塑膠碎片？

現在的海洋，其實並不乾淨。人類製造出無法分解的塑膠垃圾，在汪洋大海裡形成垃圾島，信天翁不知道那是沒有營養的垃圾，把塑膠當成食物，餵自己的鳥寶寶吃。認識中途島的信天翁，將是這群小朋友認識「減塑」的開端。

因為我的減塑之路，就是這麼開始的。

踏上減塑之路的開始

上小學不久後，我在學校舉辦的講座中，學習到「塑膠微粒」與「食物鏈」的關係。我很驚訝地發現，原來我們使用的塑膠製品變成垃圾流入海洋後，會不斷被分解成更小的塑膠微粒，小魚吃掉，再透過食物鏈，最後回到陸地上，進入我們的身體裡面。

我不想吃塑膠垃圾！我也不想讓地球上的無辜生物被塑膠垃圾害死！從那之後，我開始在日常生活中減少使用塑膠製品，自備環保餐具組，不使用店家的免洗筷、塑膠碗盤。出門逛街時，我會多帶一個購物袋，少用塑膠袋。

某個夏天，我和家人去逛夜市，我想在一間冰店吃愛玉，但我忘了帶環保杯。店裡生意很好，沒有內用的位置。家人建議我可以外帶，但我不想製造垃圾，所以我就跟老闆商量，讓我用店裡的碗站著吃。家人也站著陪我吃完，沒有抱怨也沒有不耐煩。我覺得宣導減塑的重點是「真心」加上「以身作則」。看到我在日常生活中的投入，我的家人也開始用行動支持。

升上四年級，老師想培養我成為「減塑小講師」，集訓時間是每個禮拜四的午休。我有點猶豫，因為我也很喜歡在同一時間的直笛隊練習。但只要我想清楚、決定要做一件事，我就會認真做好。於是我忍痛放棄直笛隊，之後每一場小講師集訓，我都準時報到喔！

第一場以小講師身分上台的講座，我好緊張，怕我講得不好，台下一年級的新生聽不懂，或是講得不夠有趣，讓弟弟妹妹們感到很無聊。集訓時老師教過，上台前多做幾次深呼吸。呼吸之間，一個聲音在腦海響起：「我也是從剛上小學的減塑講座開始的呀。兩三年前的我，就是台下的新生。我就當作是和以前的我說話，那就好啦！」

第一場講座順利落幕，接著又有機會和六年級的哥哥姊姊宣導「不塑畢旅」，不同的人群、不同主題的減塑，我對上台越來越有自信，後來我甚至還在校外，對 100 多個大人演講呢！

如果有機會，我還想做得更多！我這麼想的時候，機會真的就來了。

減塑小講師利用午休時間集訓。（照片提供：王麗姿）

從減塑宣導到真正影響他人的永續生活

學校舉辦「自治小市長」選舉，我被推舉成為我們班的候選人。「這不就是宣傳減塑的大好機會嗎？」於是我帶著我的「助選團」，認真投入選情。我的政見是「打造文府國小成為無塑校園」。在海報上，我呼籲大家「減少使用一次性的塑膠垃圾」，跟同學們解釋原因，並提出解決方案。經過一連串公開演講、拉票的選舉過程，我當選成為「自治市環保局長」。

媽媽問我：「恭喜錢局長當選！請班上同學吃漢堡、喝玉米濃

不塑畢旅宣導，左4為錢沛祺。（照片提供：王麗姿）

湯一起慶祝好嗎？」我很感謝我的助選團，但一人一個漢堡、一杯濃湯，又製造了好多一次性塑膠垃圾，不不不，這和我的政見剛好相反。於是我和媽媽商量，請她買麵包，用大型的環保容器帶來學校分送給同學，不要浪費塑膠袋。

我珍惜每個自備環保餐具和重複使用塑膠袋的機會，希望藉由每次行動，將減塑理念傳遞給更多人知道，讓減塑變成生活習慣。五年級的時候，因為麗姿老師的推薦，在「點亮台灣．點亮海洋」校園減塑計畫的海洋之星評選下，我成為第一位授動海洋之星的隊員。一個人的力量或許微小，但一個人可以影響另一個人，我決定持續累積實踐、宣導減塑的經驗，雖然知道也有人還無法認同、沒辦法做到，但我相信堅持下去一定會感動某些人！

「自備、重複、少用」是我覺得最好記、也最好做到的減塑口訣。小學畢業後，雖然不再有去各個班上宣講的「小講師任務」，但我仍然隨身攜帶環保餐具。一有機會，就跟身邊的同學聊我為什麼要減塑。有被同學當成怪人嗎？我不確定。但在國中畢業旅行時，發生一件我印象很深刻的事。

我買飲料一向都自備環保杯。那天我們在逢甲夜市，同學想去買飲料。突然一個同學說：「我要用我帶的水壺裝飲料。」另一個同學也附和說：「那我也用自己的水壺就好。」我覺得好開心，雖然我沒有大力宣傳，但透過日常生活的實踐，竟也默默影響了身邊的人。

現在我是高中生了，課業變得更忙，雖然現在很少公開宣導推廣減塑，但我仍然繼續過著減塑生活，出門帶著自己的環保用具已內化成我的生活習慣。從小學開始到現在的經歷，讓我體會到，實踐發自內心的願望並不難，而這份愛動物、愛人類、愛地球環境的心，一旦種下種子，就會發芽、茁壯，不斷地向光生長，一點一滴成為真正改變世界的力量。

“減塑不是道理，是習慣”

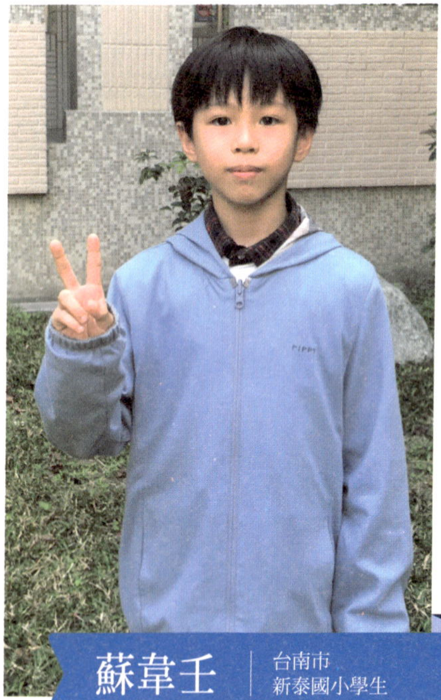

蘇韋壬｜台南市 新泰國小學生

對我來說，減塑並不是什麼大人說的大道理，而是從小在家裡就自然而然養成的習慣。

海龜爺爺給我的啟發

我爸爸是環境工程的博士，做的是環保相關的研究，對塑膠的原料和製造過程瞭若指掌。從小爸爸就會跟我講很多海洋汙染的故事。我記得最清楚的是「海龜爺爺」的

「穿越海洋」闖關遊戲，親身體驗充滿垃圾的海洋。（照片提供：蕭淑美）

故事——一隻海龜因為誤食了船開過時丟進海裡的塑膠垃圾，結果生病了。聽到這個故事讓我很難過，因為我很喜歡海龜，牠們游泳的樣子又優雅又可愛。那時候，我心裡就決定，一定要保護牠們，不能讓牠們再吃到那些可怕的塑膠垃圾。

我們家的減塑行動也很自然，比如我們幾乎不會外帶食物，不是在家裡吃，就是直接在餐廳裡用餐。爸爸媽媽也不常帶我去夜市，除了覺得不太衛生之外，他們也會說夜市裡會製造很多塑膠垃圾，最好少去。因為從小就是這樣生活的，我一點都不覺得做環保很困難，只不過偶爾不小心把喝完的易開罐丟到垃圾桶，忘記做好垃圾分類，還是會被媽媽唸。長大後，我才慢慢發現，爸爸說的那些故事，還有我每天做的小小行動，其實都是為了同一件事——讓地球不要再生病。

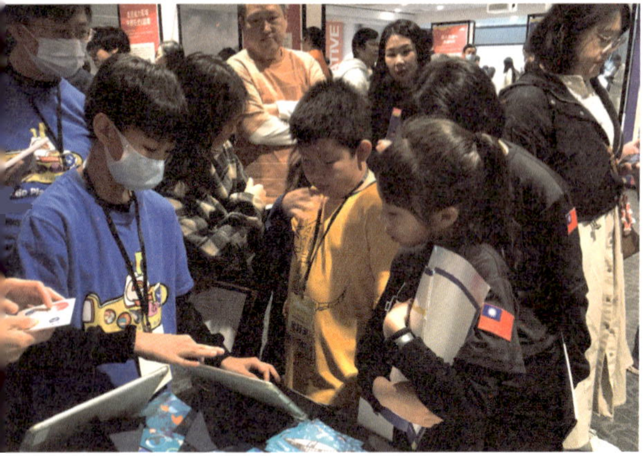

由親子天下所主辦的校際交流活動「永續Action!共好世代行動年會」，看見孩子們的永續行動力。（照片提供：蕭淑美）

又擠又臭的「垃圾海洋」闖關遊戲

在學校裡，我學到了很多關於減塑的理念。有一次，老師拿了好多塑膠袋，讓我們每個人都把塑膠袋套在手上，越套越緊，直到手都動不了了，好不舒服喔！很多同學都叫苦連天，那種被紮住的悶熱感從身體傳到心裡，讓我更強烈地感受到海洋生物被塑膠垃圾困住的痛苦。

這個體驗後，我更堅定要實踐減塑的決心，因為這不僅是為了自己，還是為了那些無法開口說話的海洋生物們。從那時起，我更加注意每天的「選擇」，除了原本就會帶水壺去學校，不買瓶裝水；購物時隨身攜帶環保袋是基本，爸爸媽

Tips

“雖然個人力量有限，
但每個小小的努力加起來，
就能成為改變的力量。”

媽總是會提醒我；以及我也漸漸改變消費習慣，不再選擇那些又貴、包裝還很多的產品，避免花更多的錢還不環保！

學校也鼓勵我們參與各種減塑活動。印象最深刻的是運動會時，學校準備了一大桶冰紅茶，大家都帶著自己的水壺來裝，這樣就不用塑膠杯，也就不必煩惱垃圾的問題了！我印象最深刻的，是學校設計了一個「穿越海洋」闖關遊戲，它模擬了充滿垃圾的海洋環境，讓我們可以體驗海洋生物的感受。一走進去，我就被周圍的垃圾擠得很難受，時不時還飄來一股臭味，我差點就吐出來了，沒想到海洋生物竟然在這樣的環境中生存！

除了這些活動，我也會在學校

左1為新泰國小學生代表蘇韋壬。（照片提供：蕭淑美）

和同學們分享我的減塑經驗。有時候看到同學還在使用塑膠袋，我會忍不住提醒他們：可以自己帶重複使用的袋子啊！不僅衛生還環保，用塑膠袋對地球不好，會讓海洋生物生病的。雖然大部分同學都不太在意，總是說「沒關係啦！」，讓我有點灰心，但我告訴自己，只要能讓一個人聽進去，這就值得了。我最開心的是，我的一個好朋友聽了我的話後，也開始減少使用塑膠袋，有了好友的支持，我覺得自己不再孤單，我們會互相提醒，一起努力。

左2為帶隊老師蕭淑美護理師，左3為學生代表蘇韋壬。（照片提供：蕭淑美）

原來我們不孤單 永續 Action ！

五年級那年，我當選為自治市小市長，後來又被選中代表學校到台北參加「永續 Action ！共好世代行動年會」，分享我們學校的減塑行動。那段時間，我一邊準備科展，一邊利用午休時間練習簡報，真的很累。不過想到機會難得，可以把我們的努力分享給更多人，我就覺得不管說什麼都要努力去拚一次。

到了台北，大家在一起輕鬆地聊天，互相分享在學校裡怎麼實踐減塑。現場氣氛很好，我也學到很多，像是有同學把寶特瓶塞進布料做成環保磚塊，我覺得這個點子超酷。我們在休息時間聊開了，我還認識了來自宜蘭的朋友，他們住在海邊，更關心塑膠垃圾流入海洋的影響。我發現，每個地方的行動雖然不同，但目標都是一樣的。

當天是還發生了一件小插曲。因為活動場地附近找不到素食餐廳，領隊老師吃素，就只好去便利商店買了塑膠碗裝泡麵。這讓我體會到：原來減塑是要時時提醒才能做到！我們常常因為自已的需求與方便，讓堅持減塑變成挑戰，選擇就在我們的一念之間，結果卻是大有不同。我相信，真正的環保，是從日常生活中的每一個小選擇做起。

活動結束後，有老師說：「聽完你們的分享，以後都不敢再多拿一個塑膠袋。」我聽了很開心，原來我們真的影響了一些人！我也交了新朋友，發現這麼多人都在努力為永續生活付出，讓我更有信心繼續走在守護地球的路上。

繼續堅持減塑的生活習慣

雖然我很快就要升上國中了，但我還是會繼續堅持減塑的生活習慣，像是出門帶環保袋、吃飯用環保餐具，這些早已經成為我日常的一部分。我對環保的心是不會動搖的，更不能因為一點麻煩就放棄，因為地球只有一個，我們的責任是保護它。

除了自己實踐減塑，我也會繼續把這個減塑的種子散播出去。比如，提醒家人少用塑膠袋，或者與朋友分享我們學校的做法。非常幸運的是，被我成功說服一起減塑的好朋友，我們將升上同一所國中，一想到未來可以一起繼續推廣減塑行動，讓更多人加入環保的行列，我就覺得很期待。

永續已成為時代的焦點，許多企業開始重視 ESG 分數，越來越多的人將永續納入決策。學校也持續進行永續教育，教我們如何支持減塑、再利用、綠色能源等。我相信，未來不僅是企業，越來越多人會將永續行動融入自己的生活中，而我也會從自己做起，將永續的理念貫徹到每一個選擇中。

雖然個人力量有限，但每個小小的努力加起來，就能成為改變的力量。我希望未來能深入了解更多環保議題，像是如何減少碳排放、保護海洋生物等，也許有一天，我可以像爸爸一樣厲害，為保護地球做出更多貢獻。

我期許自己，無論如何都堅持走在這條愛護地球的道路上，做一個真正有行動力的地球守護者。

“不只是作業，是許下更好的明天”

柯麗珠｜台北市仁愛國小老師

陳蔓而、吳安晴、黃庭瑄｜台北市仁愛國小學生

台北市仁愛國小的自然科老師柯麗珠，在教學中注意到不同班級的三位四年級女孩。在課堂上播放完海龜因鼻孔插著吸管而流血的影片後，這三個孩子各自做出一些選擇：少拿一個塑膠袋、提醒爸爸媽媽別再買手搖飲料、週末自發去公園撿垃圾。

柯老師看見的，不只是行動，更是那份純粹而堅定的心意。語句簡單，行動真實，但那背後的情感，特別深。

Tips

“想到可以在日常生活中用小小動作，改變大家的未來，就很有成就感。”

她們三人三樣，卻一起走進這件事

每個孩子接觸「減塑」的起點不同。有人從一張圖開始，有人從一句話開始，而陳蔓而、吳安晴與黃庭瑄，是從那隻鼻孔插著吸管、痛苦掙扎的海龜開始。

蔓而語氣爽朗，反應直接，有時誇張但從不含糊。她說：「我真的覺得海龜超可憐，如果你不在意未來環境變得怎樣，那你還住在地球上幹嘛？你去火星住啊！」那不是童言童語，是對大人們只留下問題、卻不改變的直言不諱。她不是說說而已，回家後就開始叮嚀媽媽別再買塑膠杯。「因為我很喜歡地球啊，做這些事情，就覺得很有成就感。」

安晴不像蔓而外放，但她的投

入不遜色。她記得一張照片裡，海龜的殼被塑膠勒到變形，皺起眉頭輕聲說：「那應該很痛吧。」她回家後提醒家人少用塑膠，還把「減塑集點卡」上的動物當成「寵物」，語氣堅定地說：「我每集一點，牠們就少吃一口塑膠。」

庭瑄更內斂，幾乎不主動開口。但她會默默記下垃圾出現的地方，在假日一網打盡。她說撿完垃圾後，整個公園「感覺變得很乾淨」——那種乾淨，是從心底升起的成就感。她話少，卻用行動持續表達關心。

減塑對她們而言，不是比賽、不是規定、不是為了表現好看。不是誰教她們該怎麼做，而是她們親眼看見了什麼、心裡觸動了什麼，就想做點什麼。僅僅因為「不忍心」，她們就行動了。而這樣的單純，比什麼都有力量。

減塑不是功課，是生活裡的小小革命

減塑，對她們來說，不是黑板上的目標，也不是老師打勾的作業，而是生活裡一點一滴做出來的選擇。

蔓而說，有次媽媽幫她送飲料到學校，一看到那杯塑膠杯、還插著吸管的手搖飲，她氣得說：「我真的很想把那個吸管還回去給她！」語氣裡的認真聽得出來。「我有慢慢說服她啦！」她補了一句。其實爸爸媽媽真的因為蔓而的減塑行動改變了，會帶便當盒、買玻璃瓶裝的飲品回家，購買杯裝的手搖飲漸漸降低成偶發事件，甚至從本來要一天買三杯手搖飲，改成在家自己泡一大桶麥茶，解決愛喝飲料的癮。蔓而語氣裡藏著完成任務的成就感，也熱情分享自己與朋友、大人溝通減塑的「成功案例」，以往跟朋友逛超商買飲料，現在她從自己不拿吸管開始，也會提醒朋友不拿，回到家還讓爸爸媽媽一起在生活中實踐環保。

安晴像家族的行動發動機：「我阿公、舅媽、表姊……全部都被我拉來集點了！」她曾在戶外跑

上圖／左起：黃庭瑄、吳安晴、陳蔓而。（照片提供：柯麗珠）
下圖／用心完成減塑集點卡，一點就拯救一隻海洋生物！（照片提供：柯麗珠）

步時主動提醒亂丟垃圾的大人：「不可以丟這裡，要把垃圾自己帶回家喔！」讓老師佩服她的勇氣。她把「不要讓海洋動物受傷」當成自己的責任。

庭瑄則用安靜的方式堅持。即使爸爸一開始認為「做這些不如多讀書」，她仍默默記下住家附近的垃圾熱點，在假日拉著哥哥清理。「哥哥假日覺得很無聊，我就跟他

教室布告欄貼滿孩子們用心完成的減塑集點卡。（照片提供：柯麗珠）

提議一起撿垃圾，我覺得這件事比金錢更重要。」她說得輕描淡寫，卻藏著不簡單的堅持。

她們的生活裡，環保袋、便當盒、重複使用的紙袋，早已是日用品。園遊會也不只是吃喝玩樂，而是自備餐具、讓全家一起實踐減塑的好機會。她們稚氣未脫的臉龐說著：「這樣比較對。」聽起來像孩子話，卻有著最真誠的愛。

老師的觀察筆記：一種悄悄發生的感動

柯麗珠老師說：「她們對守護海洋這件事情，就好像在發一個願，就會一直想去做。」在她的觀察中，不僅是看見孩子們做了什麼，更是看見那些平凡行動中，藏著多深的心意與信念。每當她翻閱孩子們的集點卡與心得，總覺得那不是幾張紙張，而是一份份誠懇的承諾。

蔓而說出「己所不欲，勿施於人」，不是抄課本的句子，而是她對海洋生物的同情與尊重。她不只是說，還真的做了，「想到可以在日常生活中用小小動作，改變大家的未來，就很有成就感。」減塑不僅是蔓而療癒內心的時間，還能真正幫助到海洋動物。

安晴養「集點寵物」，從來不是為了被表揚，而是她無法忍受

自己什麼都不做。她在自己的節奏裡，把責任變成習慣，把關心變成行動。

庭瑄話少，但她寫過一句話，讓老師深深記住：「我會一直減塑，直到我老到要小孩照顧我，那時候我還要叮嚀他減塑。」那句話安靜、簡單，卻像是一種誓言，說明對地球的承諾可以這樣長遠，這樣自然。

柯老師說：「不是我們大人在教育孩子，而是孩子讓我們堅持下去。」這不只是對減塑的呼籲，更是對這個世界的一種深深盼望。每次看到她們的紀錄，她都會輕聲感慨——有些改變，不是喊口號，也不是一夕而成，而是靜靜地、悄悄地，從一個孩子開始，一點一滴發生著。

不是童言童語，是一場正在進行的願望

她們沒說「等我長大要改變世界」，她們說的是：「現在，就做一點點。」

蔓而想去淨灘、想多參與宣導環保的演講，還說出讓老師聽了都驚艷的話：「塑膠汙染是跨時空的不正義。」那不是從哪本書翻來的，而是她一邊思考、一邊形成的正義感。

安晴也早早擬定了未來藍圖：「等我有小孩，我從他一歲就開始跟他講減塑，就像教他說話一樣。」

庭瑄說：「我不希望減塑到我這代就沒了，所以我老了也要教我的孩子繼續做。」這些話語看似平凡，卻像種子一樣，悄悄種進了現在年幼的心裡，也種進了未來的世界。

她們的語言雖然簡單，但那背後的眼光，已經望得很遠。她們知道塑膠問題不會立刻解決，也知道不能只等大人採取行動。她們選擇從現在開始——就在今天、就在學校、就在自己微小的生活裡，盡力做能做的事。

仁愛國小自然科柯麗珠老師。
（照片提供：柯麗珠）

這不只是三個孩子的故事，而是許多孩子的心聲。只是她們先說出來了，剛好你聽見了。如果這一刻，你開始注意手上的吸管、飲料杯、塑膠袋——那麼，她們的願望，就悄悄地，實現了一點點。

US013

不塑島上的守護者：
大手牽小手，師生減塑GO!

作　　者　知田出版編輯室，慈心有機農業發展基金會
責任編輯　郭美吟
文字協力　江敍慈、林姵菁、陳昕平、廖雅雯、劉子維、
　　　　　蘇曇、嚴云岑
封面設計　施暖暖
內頁設計　李韻芳
總 經 理　伍文翠
出版發行　知田出版／福智文化股份有限公司
　　　　　地址／105407臺北市松山區八德路三段212號9樓
　　　　　電話／(02)2577-0637
　　　　　客服信箱／serve@bwpublish.com
　　　　　心閱網／https://www.bwpublish.com/
法律顧問　王子文律師
印　　刷　富喬文化事業有限公司
總 經 銷　時報文化出版企業股份有限公司
　　　　　地址／333019桃園市龜山區萬壽路二段351號
　　　　　電話／(02)2306-6600 #2111
出版日期　2025年8月　初版一刷
定　　價　新台幣500元

ISBN 978-626-99812-2-9

國家圖書館出版品預行編目(CIP)資料

不塑島上的守護者：大手牽小手，師生減塑GO! / 知田出版編輯室, 慈心有機農業發展基金會作. -- 初版. -- 臺北市 : 知田出版 : 福智文化股份有限公司發行, 2025.08
　面；　公分
ISBN 978-626-99812-2-9(平裝)

1.CST: 環境教育 2.CST: 環境保護 3.CST: 永續發展

445.99　　114008128